南繁科技服务模式研究

◎ 刘荣志　著

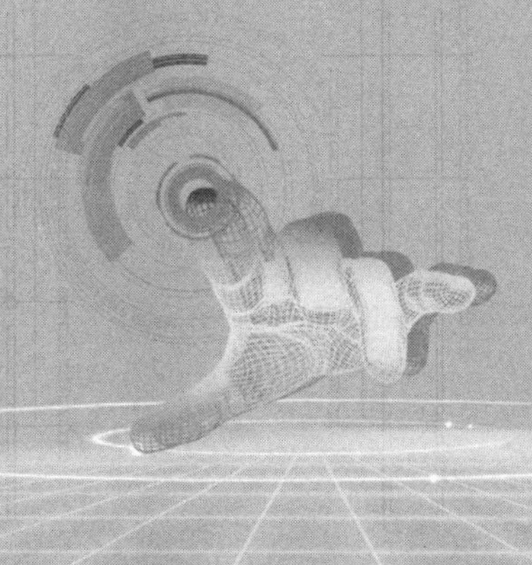

中国农业科学技术出版社

图书在版编目（CIP）数据

南繁科技服务模式研究／刘荣志著. —北京：中国农业科学技术出版社，2015.12

ISBN 978 - 7 - 5116 - 2420 - 8

Ⅰ. ①南…　Ⅱ. ①刘…　Ⅲ. ①科技服务 - 服务模式 - 研究 - 三亚市
Ⅳ. ①G322.766.3

中国版本图书馆 CIP 数据核字（2015）第 307101 号

责任编辑　贺可香
责任校对　贾海霞

出 版 者　中国农业科学技术出版社
北京市中关村南大街 12 号　邮编：100081
电　　话　(010)82106638(编辑室)　(010)82109702(发行部)
(010)82109709(读者服务部)
传　　真　(010)82106638
网　　址　http://www.castp.cn
经 销 者　各地新华书店
印 刷 者　北京富泰印刷有限责任公司
开　　本　710mm×1 000mm　1/16
印　　张　8
字　　数　130 千字
版　　次　2015 年 12 月第 1 版　2015 年 12 月第 1 次印刷
定　　价　36.00 元

【摘要】为贯彻落实《国务院关于加快推进现代农作物种业发展的意见》（国发〔2011〕8号）、《国务院办公厅关于深化种业体制改革提高创新能力的意见》（国办发〔2013〕109号）及《国务院关于加快科技服务业发展的若干意见》（国发〔2014〕49号）等文件精神，统筹南繁育制种基地建设与管理，提升南繁地区种业科技创新能力、企业竞争能力、供种保障能力和市场监管能力，促进国家南繁核心产业持续协调发展，在"国家南繁育制种的系统结构与产业化路径实现研究"等项目支持下，三亚市南繁科学技术研究院联合中国农业专家咨询团、中国农学会、农业部人力资源开发中心于2014年12月至2015年6月，组织完成了"南繁科技服务模式研究课题"。本研究课题紧密结合国家加快推进科技服务业发展的新形势，采取文献研究、问卷调研和数据分析等方法，分析梳理了当前南繁科技服务业的发展现状、政策诉求和存在问题，研究提出了措施建议和综合模式，形成了南繁科技服务模式研究报告。

【关键词】南繁；科技服务模式；调查研究

前 言

当前创新全球化深入发展，全球产业结构正由“工业经济”主导向“服务经济”主导转变，科技创新成为推动经济发展的主要动力，成为驱动发展的新引擎。科技服务业是运用现代科技知识、现代技术和分析研究方法以及经验、信息等要素向社会提供智力服务的新兴产业，作为实现科技创新引领产业升级、推动经济向中高端水平迈进不可或缺的重要一环，当前面临大有可为的发展机遇期。科技服务业不仅是现代农业的重要内容，而且也是建设现代农业的一个重要切入点。

南繁育制种（以下简称“南繁”），是指全国各省（市、区）的农业工作者利用我国琼南地区典型的热带气候条件，于每年的 9 月至次年的 5 月，开展的作物选育加代、鉴定评估、繁育制种等科研生产活动。南繁服务于国家农业科技创新，加速农业新品种转化应用，具有典型的科技服务功能。南繁科技服务业作为我国现代农业发展的重要环节，更应顺应时代潮流和经济形势，抓住机遇，迎接挑战，实现自身的跨越式发展。

为统筹南繁育制种基地建设与管理，提升南繁地区种业科技创新能力、企业竞争能力、供种保障能力和市场监管能力，促进南繁科技服务业以及国家南繁核心产业持续协调发展，我们在完成“南繁单位需求调研”的基础上，顺应科技服务业加快发展趋势，开展了“南繁科技服务模式研究”。

南繁科技服务模式研究，历时半年多时间，得到了著者所在单位、有关项目或基金、三亚市南繁科学技术研究院以及相关单位的大力支持。采取文献研究、问卷调研和数据分析等方法，通过对南繁科技服务工作的现状进行调查、研究和分析，探究南繁科技服务工作中存在的“瓶颈”问题，提出促进南繁科技服务业发展的措施建议，探索南繁科技服务综合模式。研究报告涵盖引言、南繁科技服务业现状分析、南繁科技服务业发展政策诉求和存在问题及有关建议、南繁科技服务综合模式探讨、结语等 7 个部分。课题组由刘荣志任组长，主要成员有刘荣志、陈文军、柯用春、陈冠铭、伍涛、侯文胜。报告由刘荣志、陈冠铭和伍涛执笔，最后经刘荣志和陈冠铭定稿。

祈望本书的出版，能对促进南繁科技服务业发展有所裨益。

著者

目　录

第一章 引 言

一、科技服务业概念及其分类

（一）科技服务业概念

科技服务业是指运用现代科技知识、现代技术和分析研究方法，以及技术、经验、信息等要素向社会提供智力服务的新兴产业，它是在当今产业不断细化分工和产业不断融合的趋势下形成的新的产业分类，主要包括科学研究、专业技术服务、技术推广、科技信息交流、科技培训、技术咨询、技术孵化、技术市场、知识产权服务、科技评估和科技鉴证等活动。科技服务业是现代服务业的重要组成部分，是推动产业结构升级优化的关键产业。

（二）科技服务业分类

2005 年我国开始对科技服务业进行统计，列入了国民经济行业分类与代码（GB/T4754—2002）中的 M 门类中的四个大类，分别是研究与试验发展、专业技术服务业、科技交流和推广服务业、地质勘查业。科技服务业的产业活动范围非常广泛，为便于分析，可将科技服务业按服务内容的差异性划分为科技信息、科技设施、科技贸易、科技金融和企业孵化器五大子系统。2014 年10 月9 日，国务院印发《关于加快科技服务业发展的若干意见》（国发〔2014〕49 号），这是国务院层面首次对科技服务业发展作出全面部署。

二、研究背景

（一）发展科技服务业正逢其时

科技服务业是现代服务业的重要组成部分，具有人才智力密集、科技含量高、产业附加值大、辐射带动作用强等特点，作为科技创新体系的重要组成部分，科技服务业不仅成为现代服务业的新业态，具有独立的产业特性，为社会创造经济财富[①]，而且是典型的外延性较高的产业。一般认为，科技服务每创造 1 个单位的收益，能为服务对象增加 5 个单位以上的收益。加快科技服务业发展，是推动科技创新和科技成果转化、促进科技经济深度融合的客观要求，是调整优化产业结构、培育新经济增长点的重要举措，是实现科技创新引领产业升级、推动经济向中高端水平迈进的关键一环，对于深入实施创新驱动发展战略、推动经济提质增效升级具有重要意义。

近年来，科技服务业作为服务业中的新兴产业，发展活力日益凸显，成为国民经济发展的重要推动力。据国家统计局统计，2012 年我国在科学研究和技术服务业投资额为 2176 亿元，比上一年增长 27.8%；全年研究与试验发展经费支出 10 240 亿元，比上一年增加 17.9%，占国内生产总值的 1.97%。南繁服务于国家农业科技创新，加速农业新品种转化，

① 一般发达国家科技服务业约占其 GDP 的 5%。

具有典型的科技服务功能。南繁科技服务业作为我国现代农业发展的重要环节，更应顺应时代潮流和经济形势，抓住机遇，迎接挑战，实现自身的跨越式发展。

（二）南繁科技服务业发展优势

加快育种步伐，促进更新换代。南繁基地在加速农作物品种改良进程方面，具有得天独厚的光温资源优势，发挥着不可替代的作用。农作物新品种选育一般需 8～10 代，在内地因冬季不能从事大田科研生产，一般一年完成一代，育种周期则为 8～10 年，而经过南繁后一年至少可多完成一代。同时，通过南繁新品种鉴定、试验及亲本扩繁，大大加快了优良新品种推广的步伐。据报道，新中国成立以来，我国已培育出 5 000 多个农作物新品种，其中，70%经过了南繁，南繁发挥着不可替代的关键作用。

调整农业结构，提供物质基础。我国的杂交水稻、杂交玉米、杂交高粱都在南繁基地培育成功，进而在全国大面积推广，使我国粮食生产打了一个翻身仗，粮食年总产量从新中国成立初的 1 亿吨，提高到了目前的 5 亿多吨。这不仅解决了中国人的吃饭问题，而且为下阶段产业结构调整打下了牢固的基础，同时也对世界粮食生产做出了突出的贡献。据不完全统计，我国大面积推广的杂交水稻和杂交玉米品种中，80%是通过南繁加代选育而成的，1959 年以来，全国各地到海南南繁的人数累计超过 50 万人次，种植面积累计达 300 万亩（15 亩 =1 公顷。全书同），共培育生产水稻、玉米、小麦、高粱、油料、棉花、烟草、麻类、蔬菜、瓜果等 28 种农作物优良亲本种子近 6 亿千克。为确保粮食增产、农民持续增收和适应农业发展新阶段以及加快提高农业综合生产能力做出了巨大的贡献。

补给受灾用种，建立后备基地。目前，我国农业生产年需种量约为

125亿千克，保障农业安全首先要保证种子供应。我国地处世界多种自然灾害带，每年主要农作物的制种基地都有可能因灾减产。因此，利用南繁基地冬季生产种子、调剂补缺是确保当年生产用种的有效途径。例如，2002年长江流域普遍遭受高温热害，造成杂交水稻制种大幅度减产，估计种子缺口达1 000多万千克，湖南、湖北、安徽、江西等省当年冬季在南繁基地制种面积则超过11.8万亩，有效地保证了因灾补种的需求。

种子纯度鉴定，确保种子质量。种子质量悠关农业生产的健康发展和农民的切实利益，确保种子质量的一个重要指标是种子纯度检测。鉴于我国目前的种子检测技术，尚不能完全依赖实验室DNA分子标记方法检测。因此，当前最准确、最有效、最简单易行的方法就是取样进行田间种植鉴定。从1995年开始，农业部每年例行对全国杂交水稻和杂交玉米种子质量进行监督抽查，并到海南进行种植鉴定，特别是冬季在海南进行纯度种植鉴定，既可以直接准确判定当年用种的质量，又能阻止假劣种子流入市场。同时，各省（区、市）农业部门也采取相应措施，利用南繁鉴定，开展对辖区内商品种子的监督抽查，有效地保障了农业生产安全。

催化地方经济，引领区域创新。南繁基地成为全国农业科技人员进行科技信息情报交流的集散地。南繁基地集中体现了“崇尚科学、求实创新、不畏艰辛、无私奉献”的南繁精神，培养了“杂交水稻之父”袁隆平、“矮秆水稻之父”黄耀祥、“西北瓜王”吴明珠、“玉米大王”李登海、“抗虫棉发明家”郭三堆等一大批杰出农业科学家和优秀农业科技工作者，为我国农业创新发展提供了高水平的人力资源。

从时间空间看，南繁重点在海南。从内容使命看，南繁则属于全国。南繁基地是国内独一无二的育种宝地，是植物种质资源的摇篮，是育种家的天堂，在我国农业发展中具有极其特殊的重要地位。一直以来，三亚以其独特的“天然大温室”的热带气候、良好的生态环境和“绿色基因库”的天然优势，孕育了我国南繁育种的辉煌业绩，同时促进了三亚农业科技进步和农业结构调整。

三、研究说明

本次研究得到“国家南繁育制种的系统结构与产业化路径实现研究”等国家、省市项目的资助以及海南省南繁管理局的支持，采取文献研究、问卷调研和数据分析等方法，通过对南繁科技服务工作的现状进行调查、研究和分析，探究南繁科技服务工作中存在的“瓶颈”问题，提出促进南繁科技服务业发展的措施建议，并进一步来探索南繁科技服务的新模式。

本研究于2014年12月至2015年1月策划研究方案并征求修改意见；2015年2~4月采用发放调查问卷的方式进行，共发放调查问卷104份，回收有效问卷93份，回收率89.4%。其中，问卷调查以从事南繁科技服务机构的工作人员①为对象，访谈和问卷填写人员为南繁科技服务工作负责人员或熟悉南繁科技服务工作历程且能够对南繁科技服务业健康发展提出建设性意见的人员；2015年4~6月，在采取文献研究、问卷调研和数据分析的基础上，形成了研究报告。

① 主要来自科研院所、大专院校、其他事业单位、种业公司以及退休的南繁科技人员等。

第二章　南繁科技服务业现状分析

一、南繁概况

南繁是指全国各省（市、区）的农业工作者利用我国琼南地区典型的热带气候条件，于每年的 9 月至次年的 5 月，开展的作物选育加代、鉴定评估、繁育制种等科研生产活动。

南繁基地依托海南南部独特的区位优势和资源优势，成为海南与全国其他地方紧密联系的平台，主要分布在三亚市、陵水县和乐东县。全国各地的科研和管理人员从四面八方来到海南从事南繁工作，这不仅直接带动了南繁地区经济的发展，带来了新技术、新品种、新信息和先进的管理经验，更对促进南繁地区的经济繁荣和社会全面发展发挥着重要作用。据统计，目前南繁育种基地面积约 3.89 万亩，制种面积约 17 万亩，全国 29 个省（市、区）500 多家科研生产单位、高等院校、民营科技企业的5 000 多名农业专家、学者常年到南繁基地开展工作，涉及农林牧渔等多个领域，年直接经济产值超过 12 亿元。

二、当前南繁科技服务模式

当前，南繁科技服务主要包括自繁自育、“一体化”服务、联营合作、单一作物专业服务和代繁代制等五种模式。

（一）自繁自育服务模式

这是指南繁单位通过向农户或提供土地租赁及管理服务的公司[①]租赁土地，独立开展南繁活动。目前，部分高等院校和以科研为主的单位采用这一模式，鉴于这些单位的南繁活动涉及的材料多、操作难、技术性强，且别人难以替代，因而大都采用全程、独立、直接开展南繁活动的方式。该模式的优点在于整个南繁活动都是本单位的科技人员全场独立完成，材料安全性高、技术保密性强以及保密的需要，缺点在于必须全程参与整个南繁活动，从前期联系土地、价格谈判、物资采购到后期收货前的防畜害、防偷盗都要亲自参与（如遇干旱串花等情况），有赖于充足的人力资源条件。

（二）“一体化”服务模式

这种模式是指专门从事南繁科技服务工作的科研院所为一些技术实力相对薄弱的单位提供“一体化”技术服务的合作方式，这些服务包括技术合作、土地租赁、田间管理等综合性一体化服务。这种服务模式无疑对双方都是有益的。一方面，对技术实力相对薄弱的单位而言，避免了在科研上投入过多的人力、物力和财力，提高了利润空间；另一方面，对科研院所而言，通过该种服务方式，充分发挥了市场机制在科技成果转化中的决定性作用，极大提高了科研人员的积极性，也让科研项目更具系统性、针对性和实用性。如三亚市南繁科学技术研究院，该院学科建设完善，并有 1 200 亩的科研试验基地、150 亩的建设用地和 60 余名科技人员，是国家南繁重要支持服务机构，

① 如南滨农场基地公司和三亚师部农场。

主要从事南繁育制种、西甜瓜、蔬菜、设施农业、花卉、水稻、农产品加工、植保、土肥、海洋生物技术和农业信息等领域的研发和科技服务工作，且已成为琼南地区科技创新和成果转化的主要载体。

（三）联营合作服务模式

这种模式指南繁单位和当地农户或者专业技术团队进行合作，从事品种展示、种子纯度鉴定和种子生产。大多数南繁单位都采用这一模式，主要表现在以下两点：一是和当地农户合作。从事品种展示和种子纯度鉴定的单位往往派少量人员在播种前来海南进行现场指导，从整地开始的全部农活都由农户负责，南繁单位支付地租、农药、肥料及田间管理的全部费用。这种模式为南繁单位节省了大量差旅费与住勤补贴；对农户而言，既无风险，又有赚头，何乐而不为。但是，农户的管理水平相对低下，缺苗、畜害、偷盗等情况时有发生，在一定程度上降低了制种的效率。鉴于此，种子生产上的联营合作也进行了适当创新，一般实行农户负责土地和田间管理，单位负责技术、亲本、农药、化肥等物质供应，盈亏按比例分成或承担，但由于销售市场掌握在单位手中，农户一般不易接受。因此，这种模式能保留下来的只是少量双方相互信任的合作者。二是和具有一定专业技术实力的团队合作劳动。这种提供专业化南繁生产市场化服务的团队，往往是颇具实力的科技型服务公司。如注册于2004年的广陵高科实业公司，就是这样一家专门为南繁科研单位提供后勤保障、生产加工等“保姆式服务”的科技型服务公司。该公司在陵水县建设了水稻繁殖制种基地、科研基地、农业综合办公楼、种子加工厂房、种子检验室、晒场等基础硬件设施。同时，在两系亲本种子繁殖方面，已形成规范的质量管理体系，繁殖亲本质量高于国家标准。调研发现，该种模式尤其能有效解决种业公司下游种子生产的需求。

（四）单一作物专业服务模式

这种模式是指一些高等院校和科研院所在某一作物制育种实力非常强大，为社会企业或其他科研单位提供单一品种作物的专业服务。如中国农业科学院棉花研究所南繁基地在2012年3月取得了我国第二代转基因棉花研究的重大突破，在近20年来面向全国60%～80%棉花科研与生产单位代理了棉花南繁，育成品种287个，占全国同期总数的35.9%。其中，仅双价抗虫棉全国就累计推广3.15亿亩，新增产值超过440亿元。

（五）代繁代制服务模式

这种模式实际上是委托制种，定价收购，同时面临“诚信风险”。2010年春季，临高2.3万多亩水稻制种的收购价一般在6～7元/千克，但由于南部大面积减产，种子严重缺口，种子收购价格一度高达12元/千克。此时，绝大多数被委托制种的农户失信风险高，不乏将种子高价转卖。于是，很多本来应该赚得盆满钵满的种子投资企业仅收回了投资成本，原来和农户签订的购销合同也变成了一张废纸。

除以上5种模式外，尚另有2种模式，但因其投资高、协调难度大等，已不多见。一是独立自建南繁试验站模式，即由具有一定技术实力和资金实力的制育种大企业或大型科研院所，在南繁地区独自投资建设实验楼、试验田等设施设备，开展独立的南繁科技活动。二是共建南繁试验站模式，即由政府牵头并组织协调，在南繁地区与海南省相关单位共建试验站，共同承担相关科研项目。如2011年11月海南省根据《桂琼两省（自治区）加强南繁工作合作框架协议》，支持广西南繁基地落户乐东。

第三章　南繁科技服务业问题分析

通过对南繁科技服务模式和产业发展调查问卷结果进行分析发现，国家、各省（自治区）和一些南繁单位在南繁基地均投入了一定的科研及生产基础设施设备，但由于整个南繁缺乏顶层设计、统筹规划和系统建设，南繁的生产生活设施和科研条件并没有得到根本改善。因此，南繁科技服务现状与产业集群需求仍有较大距离。同时，这也是南繁资源浪费大、科技含量低、产出效率低，产业处于“落后”水平的根本所在，主要体现在以下四个方面。

一、运营环境不规范，市场监管失位

（一）组织关系难理顺，政策支持不到位

首先，目前国家对南繁事业统筹调控的能力不够，与各省份及南繁地区各级地方政府在南繁管理上的关系不易理顺，存在执法主体多，职责定位不清、多头管理、职能交叉等问题，而且管理体制改革落后于市场化进程，造成管理缺位、管理效率低下、监管不力等后果。其次，管理制度不够健全，国家虽然颁布实施了《农作物种子南繁工作管理办法》，但并未健全如南繁资格许可、生态安全保护、南繁工作管理条例、科研仪器共享、检验检疫制度等细则管理条例规定，导致南繁工作管理办法在实施过

程中无章可循，缺乏政策支撑力和可操作性。第三，缺乏有效的协调管理机制，每年来南繁的科研单位在用工、寻租土地、生活补助待遇等方面存在很大差异，租地、生活、处理各种关系等诸多问题都是通过个人关系去解决，没有相关的部门管理、协调，很难提升南繁科研单位的工作效率。此外，多年来南繁一直是基层育种单位为了加速育种进程而做出的自发活动，资源过于分散，缺乏必要的整合和优化，区域规划不合理，直接影响到了种业科技创新体系的构建。

（二）科研基础设施薄弱，服务能力偏低

用地矛盾突出。目前，绝大多数南繁基地的基础设施简陋，缺乏种子晒场和烘干设施，水库、农田水利、田间基础设施老化，抵御自然灾害能力差，仍处于“靠天南繁”的现状。据统计，每年南繁面积有15万~20万亩（其中科研用地约2万亩，种子生产用地13万~18万亩），而农业部集中投资建设南繁重点科研基地面积不足1万亩。特别是随着南繁事业的发展，南繁科研生产用地与海南冬季瓜菜用地矛盾越来越突出。另外，随着海南国际旅游岛建设步伐的加快，海南的房价地价也不断攀升，南繁租地难、租地贵已经成为突出的矛盾和问题。

公益性实验室服务能力偏低。目前，南繁公益性实验室服务能力偏低，基础设施薄弱，投入建设力度不够，已不能满足大部分从事南繁科技服务工作单位的需要，一是目前开放的公共实验室开展的业务不够全面，同时也缺乏必要的公共科研实验平台和科技信息交流平台。二是除了三亚市南繁科学技术研究院外，目前南繁基地没有打造起一批南繁科技事业机构，无法为南繁机构和相关科技人员提供试验服务和专业技术支撑。

检验检疫力度不够，市场监管失位。据统计，每年超过500家科研单

位、种子企业到海南进行南繁，有10万多千克种子、种苗进入南繁基地，超过5 000批次、760万千克种子、种苗调离南繁基地。如此大规模的种子、种苗调进调出及人员频集流动，极易造成有害生物的传播扩散。目前，超过1/3的单位无检疫进入南繁基地，导致南繁材料物流监管漏洞大，无检疫流出严重。同时，当前南繁的检测设备紧缺、检测手段落后、检测人员配置不足等问题已严重影响到检疫工作的顺利开展，如负责海南全省检疫工作的海南省动植物检疫站，仅设有5名专职检疫人员，却要负责三亚、乐东、陵水三（市）县的全部南繁单位检疫工作，这远不能满足南繁检验检疫的需求。如果海南这块净土一旦被污染，南繁优势将会减弱，有害生物也可能通过南繁基地传至全国各地。

二、缺乏有效科技交流合作机制

（一）科研院校、机构和企业之间缺乏有效的组织和沟通

每年冬春季节，500余家南繁机构、几千名农业科技专家聚集在三亚及其周边开展南繁工作，使南繁基地成为我国农业科技、生产与经营的大型信息资源库。但是，这些单位或科技人员之间却缺乏积极有效的组织和沟通渠道，南繁信息交流没有达到应有的水平，没有发挥出应有的推动作用，使得整个南繁的参与单位基本都处于各自活动的“散兵游勇”状态，没有发挥集团作战的传统优势。

（二）南繁科技服务主要面向国内，国际交流有待开拓

当前，南繁科技服务涉及的技术、企业或服务对象还是以国内市场为主。这与南繁基地的相对封闭化，且保密性要求高的产业特点是密切相关

的，这在一定程度上阻碍了南繁基地科技服务业的进步创新。调查数据显示，仅有不足两成的被调查者希望参加国际交流合作和技术转移。因此，如何破除政策层面的禁锢措施，充分解放人们的思想观念将决定着南繁基地的实际出路。

三、科技金融贸易服务发展滞后

（一）科技金融贸易服务调控力度不够，成果转化率低

目前，除水稻南繁制种方面的保险业务外，还没有机构提供专门的南繁科技贸易和金融服务。南繁基地作为我国农业科技创新重要源头，经济资源、人才资源、知识资源和成果资源均没有得到充分挖掘，先进技术成果不能及时转化为现实生产力，限制了南繁基地科技中介机构的业务扩展和组织发展，使之难以完成高质量的多功能服务。这些充分说明南繁亟需科技贸易金融服务和相应政策扶持。

（二）研发经费少，融资担保体系不健全

企业研发经费投入少，补助政策缺失。我国种业企业数量虽然多，但经营规模普遍偏小，市场集中度低，整体创新能力低。据统计，当前我国拥有自主品种权的企业仅100余家。我国种业企业经营规模小，丰乐种业、敦煌种业、登海种业、隆平高科和万向德农等5家种业上市公司销售收入总和仅为孟山都的6.02%。我国种业公司竞争力弱，且大多数种业企业以产销为主，对育种投入不足，国内种业企业的研发投资占销售收入的平均比例仅为2.8%，低于国际公认的“死亡线”，而跨国种业公司平均为8.9%。随着南繁租地价格、农资价格及水电费等各类开支越来越

大，导致南繁科研成本大幅上涨，并且在南繁科研补助上缺乏政策支持，相关科研活动享受不到中央实行的各项惠农政策或科研补助，在较大程度上影响了南繁科研生产活动的积极性。

企业融资渠道单一，担保体系有待完善。科技型企业具有资金需求量大、融资风险高、对外源性融资依赖性大的固有融资特性。当前，南繁企业的融资主要以银行贷款为主，且受到投融资环境、担保政策和保障机制的限制，贷款额度远远无法满足企业的发展需求，极大阻碍了本地产业的转型升级。在调查中发现，3/4 的被调查者希望通过知识产权质押的方式融资。但是知识产权质押融资作为一种相对新型的融资方式，在我国仍处于起步阶段，且因风险难以控制，参与的企业和银行都不多。

（三）孵化服务水平低，创新创业能力不足

从调研中发现南繁嵌入地方的程度不高，地方主要基于国家战略考虑全力支持南繁事业的发展，如何引导南繁融入或帮助地方社会经济的发展成为地方考虑的另一项议题。国家南繁规划要兼顾国家和地方利益才能实现科学可持续发展。因此要将南繁事业孵化为南繁产业，但目前南繁基地至今没有建立孵化器，同时南繁基地发展模式的固化、社会资本的脱离及市场体系的不完善已经严重阻碍了孵化器立项建设。孵化器作为产业发展的重要推动力，是万众创新、大众创业的重要平台，在提高企业创新能力、培育优质人才队伍等方面发挥着重要作用。

四、科技队伍和专业服务机构建设滞后

（一）科技队伍建设有待加强

一是南繁人才资源结构不合理，高层次人才队伍建设跟不上信息与科

技服务业快速发展的需要，缺乏既熟悉制育种专业技术知识，又懂经济、会管理的复合型人才。二是中高级人才的培训机构较少，社会培训机构水平参差不齐，培养专业人才的能力不足，产业部门与教育培训部门人才供需互动机制尚未形成，在职教育、职业资格认定制度不完善，也未建立有效的引进机制，致使整个南繁产业发展受到一定程度的制约。三是海南省地方农技推广服务人员知识老化、队伍老化、编制少、待遇低，队伍不稳定。基层农技推广人员专业技术能力不高，甚至存在非专业技术人员占用专业技术岗位的现象。同时，农技推广工作条件差、待遇低、对年青人吸引力不足，南繁农技推广队伍不稳定。

（二）规范意识薄弱，存在安全隐患

随着海南建设国际旅游岛和国家“一路一带”战略的实施，海南正向世界敞开，相继接纳了非洲、东南亚、南美洲等地区的农业专家，并为他们举办育种培训班，三亚南繁育种基地成为这些国外专家参观考察的重要目标。开放交流在促进发展的同时也带来了安全隐患，南繁基地聚集了来自全国各地的农业科研单位及种子企业，汇集了水稻、玉米、瓜菜等各种农作物的宝贵种子和种质资源，每年用于南繁的租用农田有近 20 万亩，然而，受各种条件限制，这些种子及种质材料管理粗放，租种用地大都分散在村头、路边，没有围墙等安全设施，而来自基层的农业科研管理人员缺乏专门的管理经验，缺乏防范资源丢失的安全意识。这些都是南繁基地建设中急需解决的突出问题。

（三）专业服务机构比重偏低

目前，南繁基地科技中介服务机构存在规模小、数量少、结构不合理等问题，风险投资公司、投资管理公司、科技人才公司、产权交易公司等要素类专业服务机构基本缺失。一是不少南繁企业每年要申请一定数量的植物新品种权等，而海南省缺乏类似的代理机构，根本无法满足市场需要，加上申请时间过长等因素，给南繁企业权益保护带来了诸多不便。二是由于科技风险的投资和退出机制没有形成，以及受发展环境、自身管理水平等因素限制，没有机构从事南繁地区风险投资公司，这显然难以满足日益增长的、旺盛的市场需求，也严重制约了南繁科技成果产业化和创新型企业的发展。

第四章　南繁科技服务综合模式探讨

纵观全球，作为国家创新体系重要组成部分的区域创新体系，已成为区域经济发展的关键，区域创新则是支撑国家创新的重要力量，而农业创新又是区域经济发展和创新体系建设不可忽视的重要支撑。南繁科技服务作为我国农业发展与创新的重要力量，必须要以超前理念、开放视野、全局观念、系统思维审视创新驱动发展农业方式的新转变，要站在国家创新体系的高度上认识南繁科技服务创新体系构建的必要性与迫切性，要认识到南繁科技服务创新是国家和区域创新体系的重要支撑。

南繁基地作为我国农业科技硅谷，已成为我国农业中不可替代的重要组成部分，围绕南繁科技服务，促进区域创新和高科技企业发展，已经成为未来一个时期南繁各单位发展的主旋律。南繁现有的自繁自育、“一体化”服务、联营合作、单一作物专业服务和代繁代制 5 种主要模式，以及我国农业科技服务普遍的农业科技推广体系服务、科技特派员服务、高校（研究所）服务、农业科技园区服务、创新战略联盟服务等模式，虽然在近年经过一系列的改革并取得了一些成功，上述模式或多或少存在一些不足。面对全面深化改革和实施创新驱动发展新形势，必须综合治理、标本兼治、综合施策，深入研究总结南繁科技服务综合模式，打破当前各项科技服务资源的局限性，实现南繁科技服务资源的垂直整合、跨界融合，集成政、产、学、研、金、介、贸、培、媒等科技服务要素于一体，通过要素间的协同转化，提供全方位、一体化的南繁科技服务。

一、南繁科技服务“全链条发展”模式

（一）南繁科技服务“全链条发展”模式的概念

南繁科技服务“全链条发展”模式指南繁科技服务相关单位通过开展公共技术支撑服务平台、科技信息交流服务平台、科技贸易金融服务平台、综合性培训服务平台和社会化服务平台这五大领域的专业科技服务业务，为南繁各单位提供政府政策咨询、公共技术支撑、基础设施建设、科技项目招商、信息互通交流、技术转化落地、线上线下服务、服务资源整合、科技成果孵化、人事人才培训与科技金融扶持等在内的南繁科技发展全链条服务模式。

（二）南繁科技服务“全链条发展”模式的政策背景

2012 年中央一号文件《关于加快推进农业科技创新持续增强农产品供给保障能力的若干意见》把农业科技摆上突出重要的位置，在我国农业科技发展史上具有里程碑意义。南繁科技服务作为南繁科技创新的关键环节，直接影响着南繁相关科技成果转化的效率。近年来，我国包括南繁在内的农业科技服务体系发展滞后、农业科技成果转化效率低下成为影响我国农业科技进步的重要瓶颈，也正是在这种历史背景下，国务院副总理汪洋 2014 年 1 月在海南考察调研现代农业和种业工作时强调，要努力把南繁基地建设成为农业科技体制改革的示范区。2015 年 3 月，海南省政府发布了关于深化种业体制改革推进现代农作物种业发展的实施意见，提出了将三亚、乐东、陵水适宜南繁科研育种的 26.8 万亩耕地划为南繁科

研育种保护区，实行用途管制，力争用5～10年时间，把南繁科研育种基地打造成服务全国的现代科研育种大平台。

（三）南繁科技服务“全链条发展”模式的创新特征

培育和扶植战略性科技服务力量的现实需要。据调查分析，现在有过一半的科技服务机构已经度过创业期，在旺盛需求的支撑下站稳了脚跟，而现在所需要的是在新的形势下提升内在素质和整体服务水平，以及需要在知识管理和战略性的组团等方面开始新的科技服务境界进取。目前，每年都有大量的科技服务机构注册运营，但科技服务机构本身的更新换代或演化提升又凸显在我们面前。

这么多年以来，科技服务多是在技术转移、知识产权和信息服务等领域开展工作，而从事创业孵化、科技金融、科技咨询，尤其是综合科技服务的机构比较少。南繁经过50多年的发展和促进，在科技服务事业上已经初具规模和初见成效，现在正是提出综合性南繁科技服务的最佳时机，为南繁科技创新、经济升级和社会进步提供战略性的指导。

带动与整合南繁众多中小型科技服务机构的有效手段。现在的南繁科技服务处于比较零散、各自为战的状态，难以形成一个较为完整的科技服务链，难以为南繁单位提供全面、全程、高端的科技服务。南繁科技服务“全链条发展”模式的提出，是指在发掘需求、成果转化、驾驭资本和创新创业等环节上形成一个完整的南繁产业价值链。如果在南繁科技服务中只是注重具体的科技服务业态如何细化落实，而忽略或者根本做不到科技服务链条的构造或营建，那也是一个缺乏整体观念的“落实”，是缺乏新境界朝向的“贯彻”。

（四）南繁科技服务“全链条发展”模式的建设重点

建设南繁科技服务“全链条发展”模式，关键在于对整个南繁产业链的整合和对传统科技服务模式的创新（图4－1）。

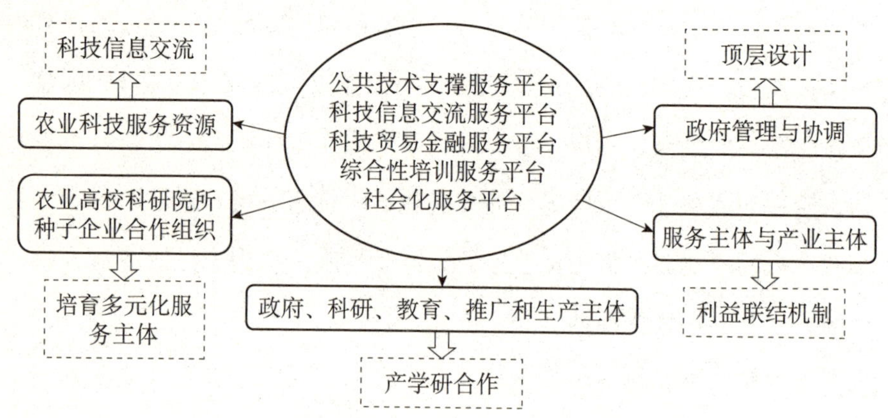

图4－1　南繁科技服务“全链条发展”模式图

抓住顶层设计的“牛鼻子”。完善顶层设计，强化政府对南繁科技服务相关单位的管理与协调职能，明确南繁科技服务的指导思想、发展目标、基本内容和现实途径是建设南繁科技服务“全链条发展”模式的重中之重。现代农业发展是一个系统工程，推进现代农业发展，关键要靠投入、靠科技、靠改革，现代农业不仅包括农业生产条件的现代化、农业生产技术的现代化和农业生产组织管理的现代化，也包括资源配置方式的优化，以及与之相适应的制度安排。因此，建设南繁科技服务“全链条发展”模式一定要有系统的思维和整体的观念，要有适合新形势下我国现代农业发展的顶层设计，需要抓住当前南繁科技服务的主要矛盾，作出从上而下、以难带易的顶层制度设计，选择正确的目标，制定合适的路径，纲举目张地打破现有南繁科技服务模式的约束瓶颈。

大力培育多元化科技服务主体。农业类科技服务涉及公共产品、准公共产品和经营性产品三种类型，实践证明，政府部门不可能包办所有服务类型。在构建南繁科技公共技术支持服务平台的同时，更需要引导农业高校、科研院所、种子企业、合作组织等南繁产业链上的组成单位积极加入南繁科技服务队伍，各主体单位之间分工合作，共同促进南繁科技成果的推广转化，形成多元化南繁科技服务主体共同参与的局面。

注重产学研的密切合作。纵观各国农业科技服务模式或其他行业的科技服务模式，无论服务主体是政府、科研院所还是企业，都非常注重与其他主体的合作，其中产学研有机结合是推进科技进步的关键。在建设南繁科技服务“全链条发展”模式中，政府应牵头制定促进南繁产学研结合的优惠政策，完善政府、科研、教育、推广和生产主体之间的互利合作机制，推进产学研深层次合作，鼓励成立各种形式的产学研联合体，促进南繁科研成果的推广转化和科技产业化。

建立利益共享、风险共担的利益联结机制。在南繁科技服务“全链条发展”模式的建设过程中，必须注意以市场为导向，推进服务主体与产业主体形成利益共同体，建立互利共赢、风险共担的利益联结机制，这是克服南繁科技服务激励不足、缺乏动力的重要途径。南繁科技服务主体在谋求自身利益的同时，必须注重自身服务的质量和特色，为南繁产业主体提供及时有效的服务，从而满足南繁基地对科技服务多样性和及时性的要求。

高度重视科技信息交流平台建设。要想做好南繁科技的“全链条发展”式服务，务必破除信息孤岛，强化共享及社会协作。未来的南繁科技服务，不仅是服务能力，而且是服务对象或者服务市场都将是国际性的。尤其是“新丝绸之路经济带”和“21 世纪海上新丝绸之路”等战略的实施，带来的绝不只是农产品的加速流通和产能或工程建设能力的

“走出去”，更会进一步带来南繁科技服务整个行业的深刻变化。在此，就存在一个如何利用全球性的农业科技服务资源来形成高端科技服务力的问题。通过构建南繁科技信息交流服务平台，形成一个功能强大、组织严密、传输快捷、准确有效的南繁科技服务信息传播系统，促进科技供需双方的畅通交流，才能实现科技创新与推广应用的相互促进和无缝对接。

二、南繁科技服务“协同创新”模式

随着国家“一带一路”战略的推进，农业也必将越来越全球化，世界不少热带国家与地区农产品与海南相似，而海南经过50多年的快速发展，已经形成了高成本、高价格农业，面对拥有土地与人口红利的热带国家与地区，今后海南面临的竞争压力将会越来越大，而海南南繁基地创新资源密集，在农业创新驱动发展中具有走在全世界前列的优势和条件。因此，海南必须通过实施南繁科技服务“协同创新”，建立南繁“协同创新共同体”，加快海南农业的转型升级，打造出南繁品牌，在国际农业合作与竞争中转型升级。

（一）南繁科技服务“协同创新”模式的概念

南繁科技服务“协同创新”模式是指围绕南繁科技创新目标，南繁产业链上的多主体、多元素共同协作、相互补充、配合协作的科技服务模式，特点是南繁产业链上各独立的创新主体拥有共同的目标、内在动力，依靠现代信息技术构建资源平台，进行多方位交流，多样化协作。

“协同创新”的概念虽然在我国于2011年首次被提出，但并非我国首创。自20世纪90年代以来，随着全球化进程迅速推进，国际竞争变得日益激烈，发达国家为在竞争中赢得优势，率先转向科技创新，开展了多方面的改革与尝试，形成了各具特色的政产学研结合的协同创新模式，并通过协同创新成功地走上经济复兴之路，迅速成为科技创新的领跑者。

（二）南繁科技服务“协同创新”模式的政策背景

2011年4月，胡锦涛同志在庆祝清华大学建校100周年大会上，强调要“要积极推动协同创新，鼓励高等学校同科研机构、行业企业开展深度合作，建立协同创新的战略联盟，促进资源共享，联合开展重大科研项目攻关，在关键领域取得实质性成果，努力为建设创新型国家做出积极贡献”，首次提出了协同创新的概念。2012年2月国务院印发的《关于加快推进农业科技创新持续增强农产品供给保障能力的若干意见》和2012中央一号文件都提出了“依靠科技创新驱动，引领支撑现代农业建设”，强调要依靠科技创新驱动，引领支撑现代农业建设，要打破部门、区域、学科界限，有效整合科技资源，建立协同创新机制，推动产学研、农科教紧密结合。2012年5月，教育部、财政部联合发文实施“高等学校创新能力提升计划”，以建立面向科学前沿、行业产业、区域发展和文化传承创新的重大需求的协同创新模式为目标，建成一批协同创新中心。由此可见，协同创新已成为了国家实施科技创新的核心概念，反映了我国科学研究发展的基本趋势和政策导向。2015年3月，国务院授权发布了《推动共建丝绸之路经济带和21世纪海上丝绸之路的愿景与行动》，提出了开展农林牧渔业、农机及农产品生产加工等领域的重点合作内容，这些政策的发布为南繁科技服务“协同创新”模式的提出指明了思路和政策方向。

（三）南繁科技服务“协同创新”模式的创新特征

催生建立南繁“协同创新共同体”。南繁科技服务“协同创新”模式的提出，旨在海南催生建立南繁“协同创新共同体”，南繁“协同创新共同体”是指在南繁生产过程中，相关政府、企业、科研院所、高等院校、生产基地等主体之间通过优势资源整合、产业布局调整、扶持政策的优化，开展跨区域、跨组织、跨文化的合作创新活动，形成涉及制度、管理、技术、产品、市场、业态等多方面联动创新、相互支持的有机整体。

实现了“人才、资本、信息、技术”等创新要素的深度融合。“协同创新”是指创新资源和要素有效汇聚，通过突破创新主体间的壁垒，充分释放彼此间“人才、资本、信息、技术”等创新要素活力而实现深度合作。“协同创新”是一项复杂的创新组织方式，其关键是形成以大学企业研究机构为核心要素，以政府金融机构中介组织创新平台非营利性组织等为辅助要素的多元主体协同互动的网络创新模式，通过知识创造主体和技术创新主体间的深入合作和资源整合，产生系统叠加的非线性效用。旨在进一步聚合海南省乃至全国农业科技力量，加强协同创新和联合攻关，大力提升南繁科技创新能力和成果转化应用水平，提高南繁科技服务对全国农业的贡献率，形成南繁科技资源统筹协调的新机制，为服务南繁基地现代农业发展提供科技支撑。

南繁基地抢抓“一带一路”战略机遇的有力抓手。世界不能是单极化的世界，在经济全球化的今天，只有协同创新才能解决落后生产力与人民日益增长的物质文化需求的矛盾，这是中国的具体国情所决定的，也是推动世界经济共同发展的需要。长期以来，由于南繁科技服务条块分割、统筹乏力等原因，南繁产业发展缺乏合理分工和紧密协作，创新资源和产业发展在区域内呈高度极化分布。在国家实施“一带一路”战略过程中，顺应国际间农业产业结构调整和优化升级的新要求，依靠创新驱动推进多元主体一体化发展，加快建立南繁“协同创新共同体”，有利于提升南繁基地农产品质量安全水平，对促进我国现代农业持续发展及农民增收具有重要意义。

（四）南繁科技服务“协同创新”模式的运行机制

建立风险共担利益共享机制。由农业部及海南省政府主管，农业部科技教育司及海南省农业厅牵头，联合三亚市政府及相关高等院校、科研院所、龙头企业及行业协会等，建立南繁“协同创新共同体”及理事会。理事会全面负责南繁“协同创新共同体”相关工作，负责维持共同体的稳定运行；理事会牵头讨论共同体的发展方针、工作计划，审议共同体的重大事宜，制定共同体各单位的任务分工、协调科技资源的分配等（图4－2）。

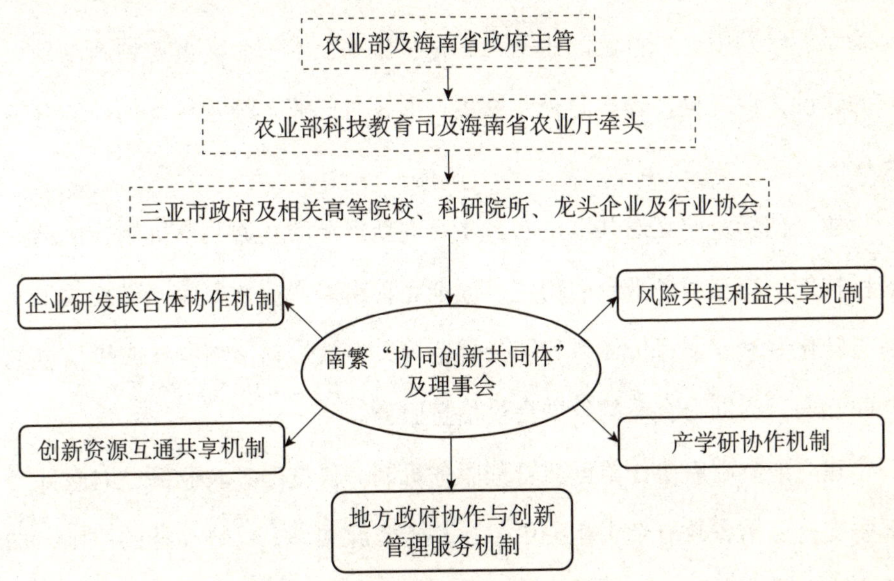

图4－2　南繁科技服务“协同创新”模式

通过南繁“协同创新共同体”各单位的共同参与和任务分工，积极探索“责权统一、成果共享、风险共担”的利益分配机制，激发南繁产业链上各主体协同创新的内生动力，充分利用各共同体单位的优势资源，有效开展南繁产业研发、技术创新及科研成果的推广转化，满足南繁产业发展需求、企业需求和市场需求，实现双赢及多赢。

建立产学研协作机制。加强南繁产业的协同创新，应把加强产学研协作放在首位。建立“科学咨询委员会＋首席专家＋岗位专家＋骨干成员”的“四位一体”科研运行模式，同时企业、高校、科研院所作为协同创新的主体，应以培育南繁知名品牌为核心，以市场为导向，开展联合攻关，实现优势互补与叠加、技术创新和技术转移服务的创新，把科研院所的高端研发成果辐射扩散到企业、基地。

加强企业研发联合体协作机制。南繁企业在科技成果转化与应用中不可或缺。要加快建立南繁企业研发联合体，共同建设企业工程中心、重点实验室、研发中心、特色产业基地，完善公共技术平台、重大创新基础设施的建设，促进科技要素向企业聚集，形成对产业升级及科技创新的有力支撑。

建立创新资源互通共享机制。建立创新资源的互通共享机制，借助南繁科技信息交流服务平台的构建，逐渐完善南繁产业数据库、科技成果交易与转化专家库、评价体系和服务规范等，有效推动南繁科技成果信息的互联互通，为助力企业的发展提供信息服务。

建立地方政府协作与创新管理服务机制。科技部、农业部、财政部等部委支持海南省政府牵头相关单位，基于资源共享、优势互补的原则，加强沟通协作，积极出台促进共同体发展的政策措施，破解共同体建设发展中存在的体制机制性障碍，形成有利于南繁基地人才、技术和资金等创新要素流动的政策环境。在科技资源配置、重大科技项目布局上要统筹协调，从以往单纯对单个企业、产业的扶持，要转向对南繁基地企业和科研单位共性技术的扶持；在人才开发与管理上，探索“按需设岗、以岗聘人、优劳优酬、有序流动”等人员聘任机制和“流动不调动”“一人一策”等全员聘用机制，逐步建立人才政策的共享机制，促进人才资源流动，提升南繁基地吸引和集聚人才的综合竞争力；积极探索“政府主导，多元投入”的经费筹措机制，支持跨区域建立科技金融对接平台与科技金融超市，逐渐解决南繁企业融资难的问题。

第五章　南繁科技服务业发展政策诉求

本研究的问卷调查，内容主要涉及规范运营环境和基础设施建设服务、专业技术支撑服务、科技金融贸易服务及企业与产业孵化服务 4 个方面（表 5－1）。

表 5－1　问卷调查内容综合表

规范运营环境和基础设施建设服务	法律法规及管理条例的出台、可享受的优惠政策及功能服务、南繁基地的管理规划、基础性公益性服务能力、育种科研基地建设、种子生产基地建设、农业科技社会化服务队伍需求、南繁基地的监督管理（13 项）
专业技术支撑服务	公共开放性实验室建设、公益性南繁科技队伍建设、科技咨询服务、产学研融合的强化及推进、南繁产业化发展、调动南繁科研人员积极性、农业科技创新应用工作重点和知识产权服务（10 项）
科技金融贸易服务	南繁技术转移服务、科技成果商业化、最希望获取的科技金融服务及当前需要的融资方式（4 项）
企业与产业孵化服务	亟需的创业孵化服务、企业孵化器的创新服务工作、企业孵化器提供的主要服务项目、制约南繁产业发展突出的因素、驱动力量和发展重点（6 项）

一、规范运营环境和基础设施建设服务

（一）希望出台的法律法规

调查发现，参与调查者认为目前最希望出台的法律法规是南繁基地配套设施建设和南繁基本农田保护，频次比例分别是 77.8% 和 72.2%；其次是南

繁资格许可、南繁育制种生态安全保护条例和事业单位南繁分支机构设立办法，分别占比为36.1%、31.5%和27.8%；再次是南繁种苗进出口优惠条例、南繁品种试验数据可代替区域试验数据和南繁动植物品种权成果交易鼓励办法，占比均为19.4%；最后是南繁种子和种子期货交易办法，占比为4.6%（图5-1）。结果表明，一是保护南繁基本农田已成为一种共识，当前国家划定南繁基本农田实行永久保护的举措对南繁基地的科技服务业发展具有非常积极的意义；二是目前南繁基地配套设施建设不完善，已不能满足大部分从事南繁科技服务工作单位的要求。三是南繁相关管理部门在南繁资格许可、生态安全保护和事业单位南繁分支机构设立等方面法规支撑尚不到位。

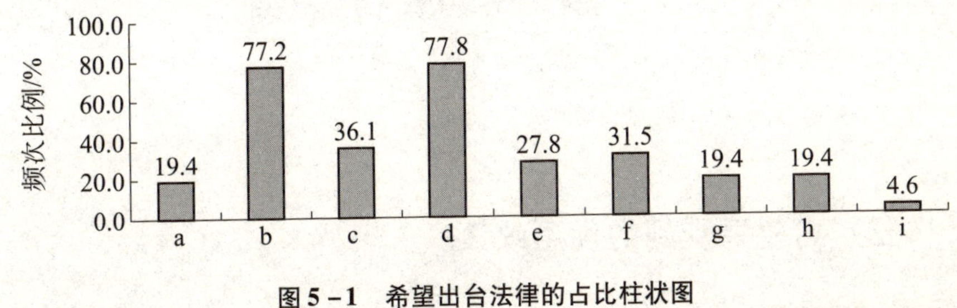

图5-1　希望出台法律的占比柱状图

a. 种苗进出口优惠条例；b. 基本农田保护；c. 资格许可；d. 基地配套设施建设；e. 事业单位分支机构；f. 育制种生态安全保护；g. 品种试验数据；h. 动植物品种权成果交易鼓励方法；i. 种子和种子期货交易方法

（二）希望健全的管理条例

调查发现，被调查者认为目前在南繁工作中最亟须健全的是南繁工作管理条例，占到了63.9%；其次是南繁科研仪器共享和南繁动植物检验检疫制度，分别占比35.2%和30.6%；最后是种子种苗进岛出岛管理、南繁种子生产经营、南繁育制种企业注册和南繁金融保险政策，占比分别为19.4%、13.9%、11.1%和10.2%（图5-2）。结果表明，一方面虽然农业部和海南省人民政府根据《中华人民共和国种子法》《植物检疫条例》和《农业转基因生物安全管理条例》等有关规定，颁布实施了《农作物种子南繁工作管理办法》（农发〔2006〕3号），但是在实际实施过程中，有诸如申报、执法等不便之处，针对性弱，需要针对南繁的细化规定；另一方面南繁作为农业科研基础平台，缺乏科研仪器共享、检验检疫制度、进岛出岛管理等细则管理条例的支持，制约了南繁科研工作。

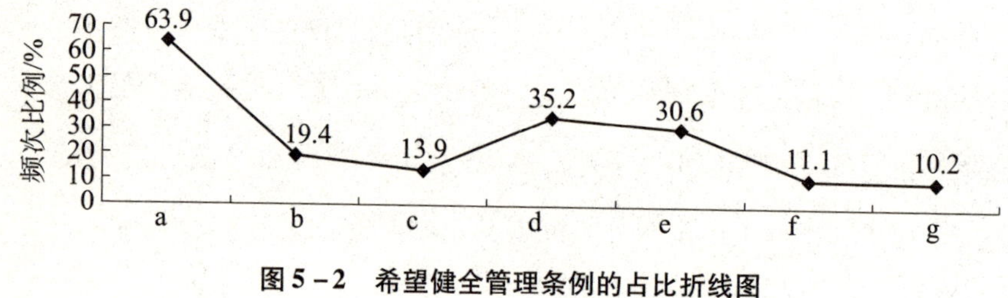

图5－2　希望健全管理条例的占比折线图

a. 工作管理条例；b. 种子种苗进岛出岛管理；c. 种子生产经营；d. 科研仪器共享；e. 动植物检验检疫制度；f. 育制种企业注册；g. 金融保险政策

（三）希望享受到的优惠政策

调查发现，参与调查单位认为目前希望在南繁工作中享受到的优惠政策（频次比例）分别是农机具购置补贴（61.1%）、农资价格补贴（59.3%）、南繁保险（47.2%）、小型农田水利补助（43.5%）、良种补贴（37.0%）、南繁科研仪器进口退税（35.2%）、南繁人才个税减免（25.9%）、贷款贴息（14.8%）和支农贷款（11.1%）（图5－3）。结果表明，一是在南繁活动中南繁制种占相当大的比例，若需南繁制种产业规模化发展，国家和地方应给予南繁单位相应的农业补贴；二是南繁科研公共实验平台建设过程中需要仪器设备的支持，相关机构希望得到仪器进口退税的政策①，以推动南繁生物技术育种产业的发展。

① 华大基因在深圳设置总部的一个重要原因是深圳通关香港比较容易，而香港进口科研仪器有免税政策，因此华大基因重要实验室设在香港。

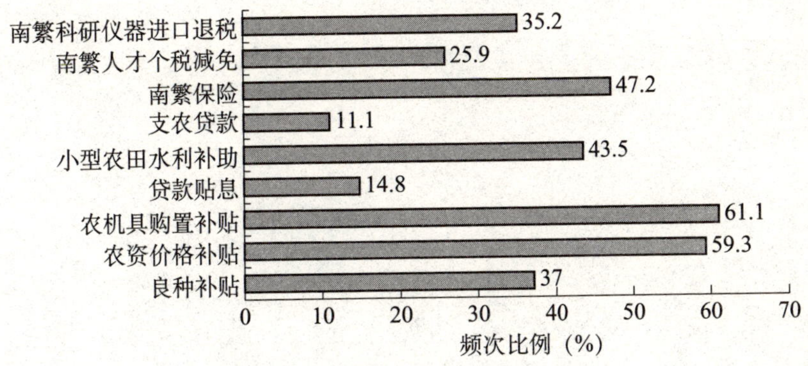

图5－3　希望享受优惠政策的占比条形图

（四）南繁地区的功能服务

对于在南繁地区能够享受到的功能服务，参与调查者有一半以上都亟需科研实验公共平台、试验和技术支持平台及种质资源保存服务，具体占比分别为58.3%、54.0%和52.8%。其余功能服务（频次占比）分别为协调提供优良育制种基地（43.5%）、种业创新与良种展示交易（38.0%）、公共科研资源开放共享（35.2%）、生物安全检测平台（33.3%）和国际交流合作与技术转移（23.1%）（图5－4）。结果表明，一是南繁基本功能是加速农业科研与保障种业安全，为强化南繁基本功能，提升南繁种质创新、品种创新和技术创新等功能，南繁单位需要在强化种质资源保存的同时，要重视科研实验公共平台、试验服务和技术支持平台的搭建。因此，国家及地方政府应积极建设公共技术服务平台和南繁科研人员科技信息交流平台，助推南繁产业转型升级；二是有相当一部分参与调查者选择了良种展示交易和国际交流合作与技术转移，这说明南繁技术成果聚集与扩散功能日前引起南繁机构和地方的重视，同时在当前国家全面推进“一带一路”战略的新形势下，南繁单位和地方政府更应该积极响应国家提出的“推动跨国产业链建设”的口号，实施农业“引进来”、“走出去”战略，加强国际农业合作，实现南繁科技服务由国内市场拓展到国际市场，发展现代农业、农产品加工和农产品贸易，推动农业转型升级。

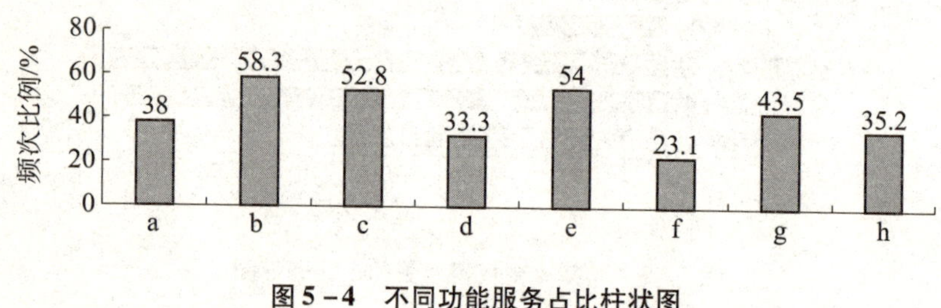

图 5-4　不同功能服务占比柱状图

a. 种业创新与良种展示交易；b. 科研实验公共平台；c. 种质资源保存；d. 生物安全检测平台；e. 试验服务和技术支持平台；f. 国际交流合作与技术转移；g. 协调提供优良育制种基地；h. 公共科研资源开放共享

（五）南繁基地的规划和管理

在南繁基地的规划和管理问题上，参与调查者有 84.3% 认为亟需一套健全的南繁基地管理制度来规范基地管理。其次应加强对南繁育种材料和品种的保护与统一规划、建立完善管理基地的基础设施和公共设施，分别占比是 62.0% 和 56.5%。被调查者希望政府做好以下工作（频次占比），即协调入驻基地项目的选址、规划审批及对入驻建设项目进行指导管理（31.5%），创建南繁官方门户网站、开办在线业务（31.5%），加强基地的各项目标管理和服务（13.0%）及其他（0.9%）（图 5-5）。结果表明：一是南繁基地管理制度建设还不够完善，已严重影响了南繁科技服务能力的提升效率；二是在基地的运行管理上，相对其他要素，更应该高度重视育种材料和品种的保护及对基地基础设施设备的规划和管理，建议在三亚设立植物新品种保护权申办点。

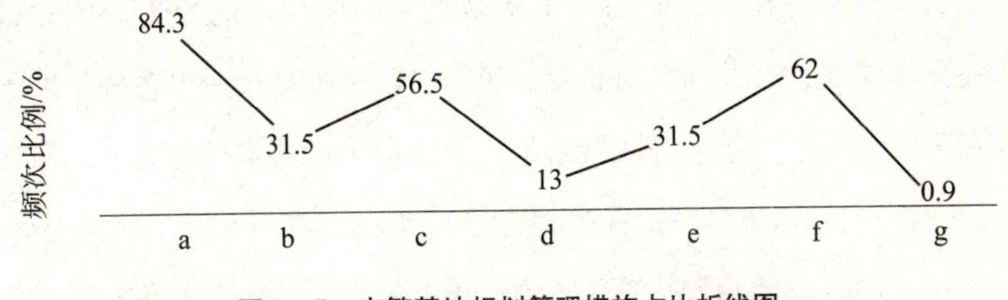

图5－5　南繁基地规划管理措施占比折线图

a. 健全基地管理制度；b. 创建门户网站，开办在线业务；c. 统一规划、管理；d. 加强基地目标管理和服务；e. 协调入驻项目审批和管理；f. 加强育种材料和品种的保护；g. 其他

（六）南繁基础性公益性服务

为提升南繁基地的基础性公益性服务能力，80.6%的参与调查者选择了加强育种理论、共性技术、种质资源挖掘、育种材料创新等基础性研究；70.4%选择了国家投资建设南繁公共服务实验平台；63.0%选择了按规定向社会开放重大科研基础设施、国家收集保存的种质资源；50.9%选择了适当减少国家财政科研经费在商业化育种的投入，加大基础性公益性研究投入；33.3%选择了加强常规作物、林木、花卉、水产等育种相关的公益性学科建设；0.9%选择了其他（图5－6）。结果表明，要提升南繁基地的基础性公益性服务能力，一是要逐步减少国家财政科研经费在商业化育种的投入，转移用于支持高等院校和科研院所重点开展育种理论、共性技术、种质资源挖掘、育种材料创新等研究，并按规定向社会开放；二是要完善科研院所和高等院校的重大科研基础设施，加强公益性学科建设，强化种质资源保护与利用。

（七）育种科研基地建设

在如何加快南繁育种科研基地建设问题上，加大对南繁育种基地的基础设施和基本条件建设方面的资金支持力度的频次比例为77.8%；由国家向地方转移支付，并加大对三亚、乐东、陵水等传统南繁育种基地的保护和在三亚、乐东、陵水等区域划定南繁保护区，并实行比基本农田更为严格的政策占比均为71.3%；规划建设若干南繁育种园区，避免串粉和花粉漂移，同时保障材料安全占比为69.4%，基于南繁建设若干国家级品种区域试验站，加快品种审定占比为38.9%（图5－7）。这说明要加快南繁育种科研基地建设：一是靠资金扶持；二是靠对南繁育种基地进行规划保护；三是加规划建设一批南繁科技园区。同时，从侧面反映出南繁育种缺乏有效管理的现状，串粉和花粉漂移的现象严重影响着南繁科研工作的正常开展。因此，支持南繁育种基地配套隔离设施建设以保障南繁材料安全至关重要。

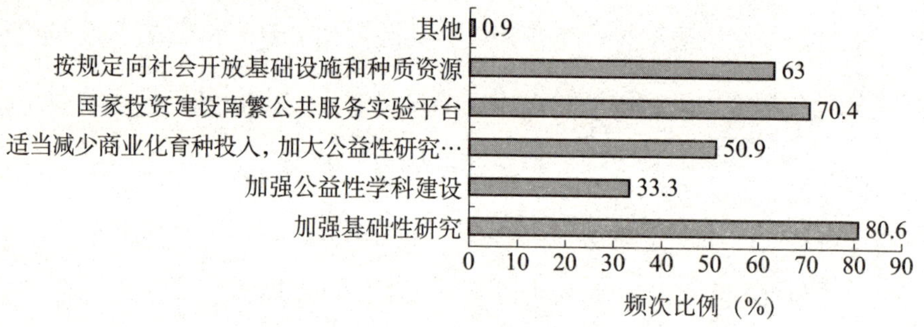

图5－6　南繁基础性公益性服务建设占比条形图

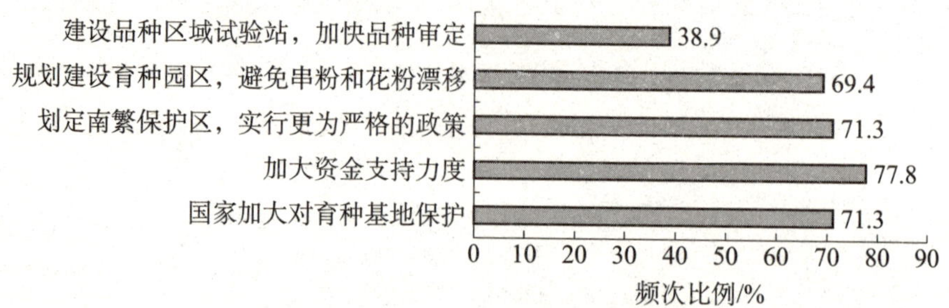

图5－7　育种科研基地建设措施占比条形图

（八）种子生产基地建设

调查发现，参与调查者认为加快种子生产基地建设，加大对国家级制种基地、制种大县在基础设施及基本条件建设方面的政策支持力度和研究建立中央、地方、社会资本多元化投资机制，建设南繁科研育制种基地这两点是最重要的，频次比例均为75.0%；其次是通过土地入股、租赁等方式推动土地向制种大户、农民合作社流转和落实制种保险、林木良种补贴、粮食作物制种大县奖励、林木种子贮备等政策，分别占比为46.3%和41.7%；最后是建立南繁种业交易所和鼓励银行加大对种子收储加工企业的信贷支持力度，分别占比为25.9%和24.1%（图5－8）。问卷分析结果表明，加大基础设施建设的政策支持力度及研究建立多元化投资机制，推进建设南繁制种基地是加快南繁制种规模化和产业集群化的重要手段。另外，近一半参与调查单位认为土地流转和落实相关奖励补贴政策对种子生产产生积极影响，反映了南繁机构在建立南繁种业交易机制方面信心不足。

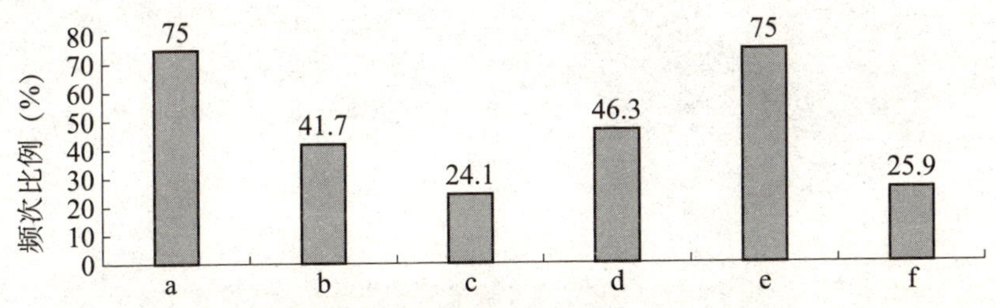

图5－8　加快种子基地建设措施占比柱状图

a. 加大政策支持力度；b. 落实相关保险、补贴等政策；c. 鼓励银行加大信贷支持；d. 通过多种方式推动土地向制种大户、农民合作社流转；e. 研究多元化投资机制，建设南繁科研育制种基地；f. 建立南繁种业交易所

（九）对社会化服务队伍的态度

如果建立一支专业的南繁科技社会化服务队伍，参与调查者有69.4%表示虽然有自己的团队，但同时也需要这样的服务队伍；17.6%表示没有自己的团队，需要这样的服务队伍；只有13.0%表示有自己的团队，不需要这样的服务队伍（图5－9）。结果表明，在当前我国南繁科技服务中，采用“联营合作”模式的团队是最多的。这些单位虽然是全程参与自己的南繁活动，但处于人力财力方面的考虑，只派出少数几个业务骨干对全程南繁活动的材料安全、技术保密等重点环节进行把关。因此，当涉及联系土地、田间管理、后勤保障、生产加工、安保服务等具体技术性和保密性不是很强的工作时，育制种单位往往采取临时雇人或与“保姆式服务”的科技型服务公司合作的方式来解决。这与调研中发现的该种模式能有效解决南繁科研单位的迫切需求的结论是相符的。

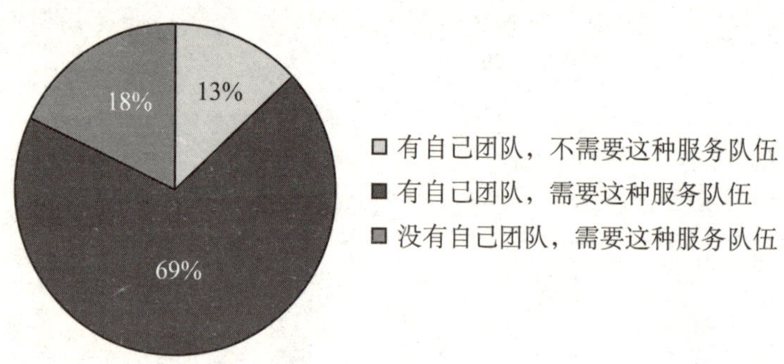

图5－9　对农业科技社会化服务队伍的态度占比饼状图

（十）社会化服务队伍的服务需求

在问卷中给出的17项南繁科技社会化服务队伍所提供服务中，频次比例由高到低依次是水电支持、农田改良、安保服务、试验隔离、实验室配套、网络服务、土地整理、生活服务、田间管理、气象服务、通信服务、种子干燥、基地托管、栽培技术支持、试验规划、委托试验，其中用工辅助没有任何单位需要。调查结果显示，南繁科技服务单位最想要完善的仍然是水电支持、农田改良、实验室配套等南繁基础设施建设；同时，最迫切需要的社会化服务既包括安保、土地整理、生活服务、田间管理、气象通信等后勤保障，又包括基地托管、栽培技术支持、试验规划、委托试验等技术性较强的生产加工。因此，像三亚市南繁科学技术研究院、广陵高科实业公司这类专门为南繁科研单位提供后勤保障、生产加工等“保姆式服务”的科技型服务机构，符合南繁科技服务的市场需求。

（十一）南繁基地的监督管理

加强南繁基地的监督管理，74.1%的参与调研者认为应该严打南繁育种材料偷窃行为，其他监管措施（频次比例）分别为加快南繁标准化体系建设（65.7%）、健全南繁快捷便利的管理制度（55.6%）、规范南繁生物安全试验（52.8%）、南繁检验检测服务（42.6%）和建立南繁认证认可体系（38.0%）（图5－10）。结果表明，一是打击南繁育种材料偷窃行为、保障育种材料安全已刻不容缓，如2014年4月两名某境外非政府组织成员进入华中农业大学南繁试验基地，盗窃转基因水稻安全评价实验材料，该事件关系到国家安全和国家粮食安全，已引起了农业部的高度重视；二是健全南繁基地的监督管理，还应该完善标准化体系、管理制度、生物安全、检验检测、认证认可体系等相关的制度和体系建设。

（十二）南繁基地的规划建设倾向

参与调研单位对南繁基地规划建设倾向，75.9%认为应该规划建设一批南繁科技园区，其余分别占比为长租南繁基地65.0%、规划建设南繁种业总部基地41.7%、建设一批重点项目36.1%、短租南繁基地3.7%、其他1.9%（图5-11）。结果表明，一是于2010年12月获批的“海南三亚国家农业科技园区”建设项目是完全符合南繁科技服务市场需求的，符合国家南繁基地总体规划，符合地方农业产业化发展需求；二是虽然当前南繁用地分散且不稳定，用地长期约定面积不足20%，但随着南繁单位对长租南繁基地的刚性需求增加，这种情况临时租用的情况将会逐步改善。

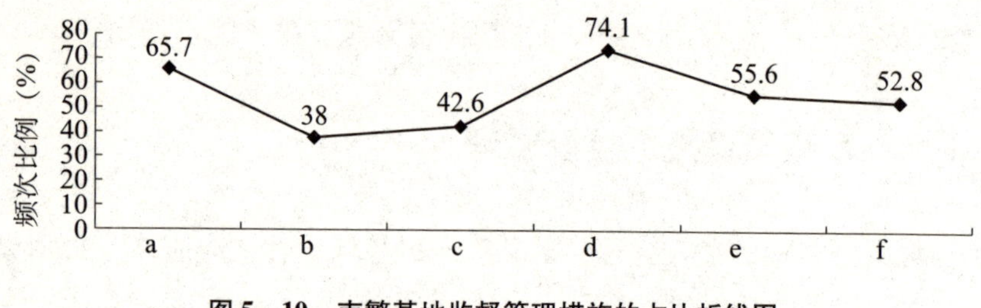

图5-10　南繁基地监督管理措施的占比折线图

a. 加快标准化体系建设；b. 建立认证认可体系；c. 南繁检验检测服务；d. 严打育种材料偷窃行为；e. 健全管理制度；f. 规范生物安全试验

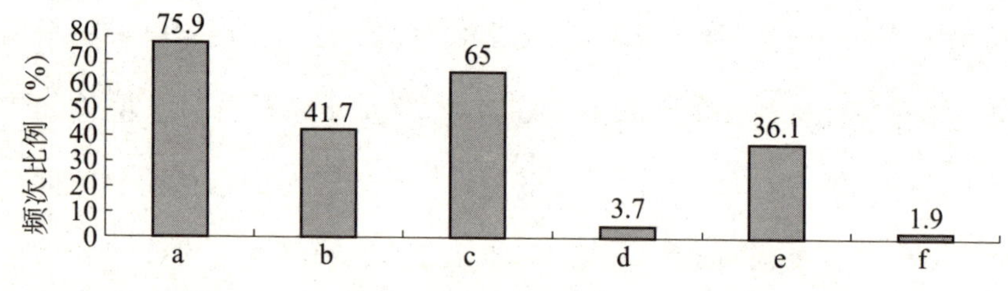

图5-11　南繁基地的规划建设倾向的占比柱状图

a. 规划建设南繁科技园区；b. 规划建设南繁种业总部基地；c. 长租南繁基地；d. 短租南繁基地；e. 建设一批重点项目；f. 其他

（十三）南繁基地在国家“一带一路”战略中的功能

对于南繁基地应该在国家“一带一路”战略中发挥的功能，61.1%

的参与调研者选择新品种、新技术展示交流；58.3%选择国际种业科技创新；37.0%选择国际种业学术交流；其他为1.9%（图5－12）。这说明不论政府部门，还是南繁单位都应紧紧抓住国家推进“一带一路”的重大历史机遇，支持和加强在种业新品种研发、新技术展示、科技创新、学术探讨等方面的交流与合作，开阔眼界、拓宽思路，为发挥其辐射带动作用创造条件。

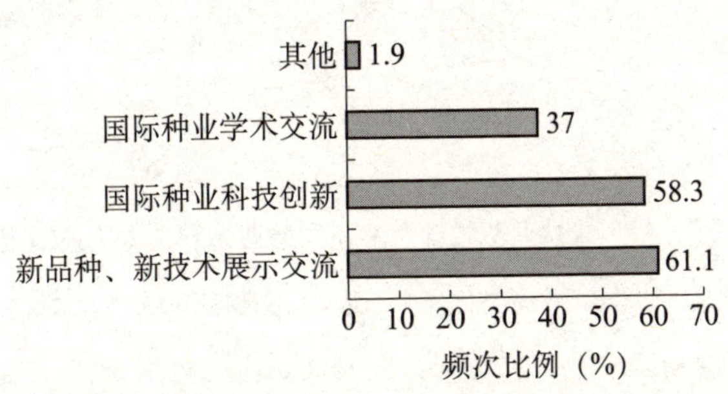

图5－12　南繁基地在“一带一路”中作用的占比条形图

二、专业技术支撑服务

（一）公共开放性实验室的业务需求

参与调研者对公共开放性实验室的具体开展项目（频次占比）需求有生物技术育种（51.9%），种质性状与品质检测（44.4%），生物安全检疫（44.4%），转基因安全评价相关检测（41.7%），基因特征检测（39.8%），作物生长环境监测（37.0%），种子及种苗资源保存（37.0%），生理生态观测（30.6%），第三方检验检测认证（22.2%），组织及细胞培养（2.8%）（图5－13）。结果表明，一方面直观地显示了当前南繁科技服务单位对实验室检测项目，尤其是分子育种的需求程度，这对以后南繁基地建设公共开放性实验室具有重要的现实指导意义；另一方面，除育种技术、性状品质检测、环境监测等传统纯技术性的检测业务需求外，南繁单位越来越重视和需要生物安全检疫和转基因安全评价相关检测等。

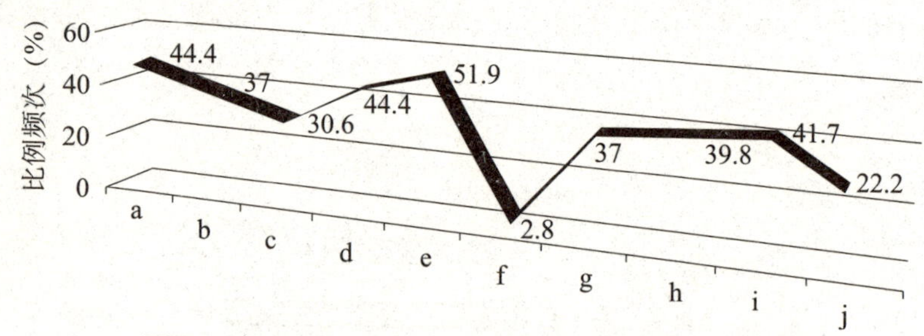

图 5－13　公共开放性实验室不同的业务需求占比折线图

a. 生物安全检疫；b. 作物生长环境检测；c. 生理生态观测；d. 种质性状与品质检测；e. 生物技术育种；f. 组织及细胞培养；g. 种子及种苗资源保存；h. 基因特征检测；i. 转基因安全评价检测；j. 第三方检验检测认证

（二）公益性南繁科技队伍的建设

对于加强公益性南繁科技队伍建设的措施，超过一半的单位选择了组建南繁高科技专家人才库和加大对现有科技人才队伍的在职培训力度，频次比例分别为 65.7% 和 57.4%；提高引进的高科技人才待遇占比为 46.3%；根据国家科研体制改革，组建混合所有制的南繁科研事业单位占比为 45.4%；科学核定编制、充实人才队伍占比为 36.1%；其他占比为 2.8%（图 5－14）。由数据可以推测，一是当前南繁基地现有科技人才队伍由于待遇、体制等多种因素，人才队伍匮乏、不稳定、结构不合理。二是当前南繁基地亟需搭建一个高科技专家人才和科技服务单位的交流合作平台，以便科技服务单位在研发生产中遇到技术难点时，及时找到专家解决问题。

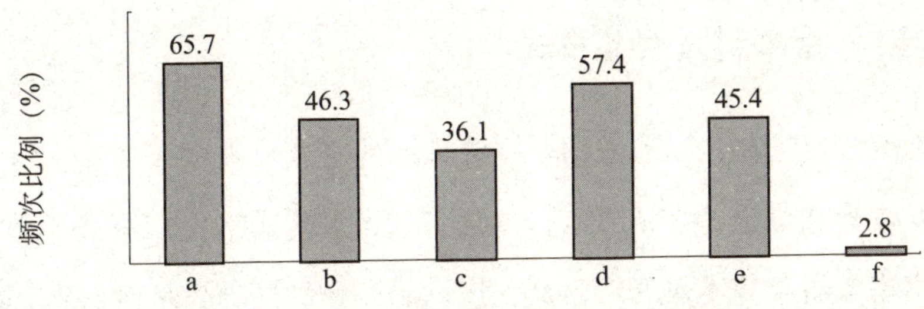

图 5－14　南繁科技队伍建设措施的占比柱状图

a. 组建南繁高科技专家人才库；b. 提高引进人才待遇；c. 科学核定编制，充实人才队伍；d. 加大现有科技人才队伍待遇；e. 组建混合所有制的南繁科研事业单位；f. 其他

（三）科技咨询服务项目

对于最希望获取的咨询服务，超过一半的单位选择了南繁气象信息服务和南繁作物区域规划服务，频次比例具体分别为 75.0% 和 61.1%，其余咨询服务及其占比分别是科技项目申报 45.4%、知识产权服务 32.4%、管理咨询服务 27.8%、资质认定服务 25.0%、科技金融服务 14.8%、商业信息服务 1.1% 和其他 0.9%（图 5－15）。结果表明，当前南繁单位最需要的咨询服务主要是与科研生产最相关的气象信息和作物区域规划，这两项服务能为整个南繁活动提供指导性的意见和建议；同时对科技项目申报、知识产权服务等有较强的需求。

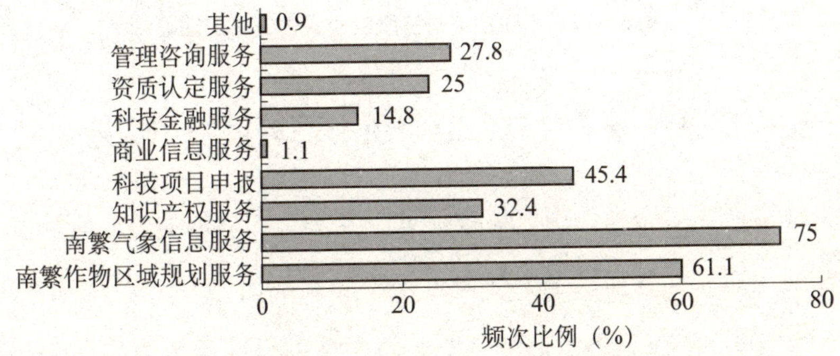

图 5－15　科技咨询服务项目需求占比条形图

（四）南繁科技服务模式

为调查南繁单位目前采用及倾向采用的南繁科技服务模式，问卷提供了6种模式供选择，结果是选择独立自建南繁试验站的占25.6%；以三亚市南繁科学技术研究院为例，提供的综合性科研服务24.8%；以南滨农场基地公司为例，提供的租地与管理服务19.0%；以陵水广陵高新公司为例，提供的委托南繁与合作服务11.6%；以中国农业科学院棉花研究所南繁基地为例，提供的单一作物专业服务11.6%；共建南繁试验站7.4%（图5-16）。结果表明，目前最适合南繁单位的科技服务模式分别是独立自建南繁试验站、提供综合性科研服务和提供租地与管理服务这三种模式。

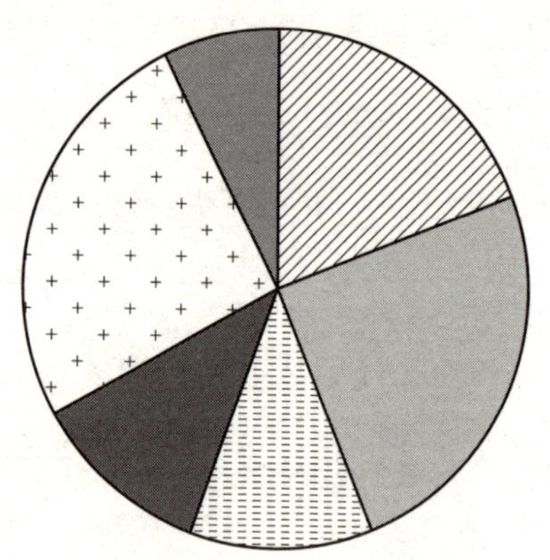

图5-16　不同南繁科技服务模式占比环形图

（五）信息服务平台与科研院所和高等院校的沟通途径

为推进产学研合作，南繁科技信息服务平台必须加强与科研院所和高等院校的沟通，问卷提供了7种沟通方式（频次比例）分别是专业网站、专业论坛（81.5%），不定期举办专业知识培训班或学术报告（63.0%），手机微信、短信（56.5%），扩大服务范围内容（25.9%），专家下乡（25.9%），上门咨询（9.3%），可视电话（3.7%），其他（2.8%）（图5－17）。结果显示，被调查者最希望通过信息服务平台，以专业网站、专业论坛、举办培训班、学术报告、手机微信、短信为切入点和抓手，与研究院和高校的制育种专家直接对话，进行产学研的交流与合作。

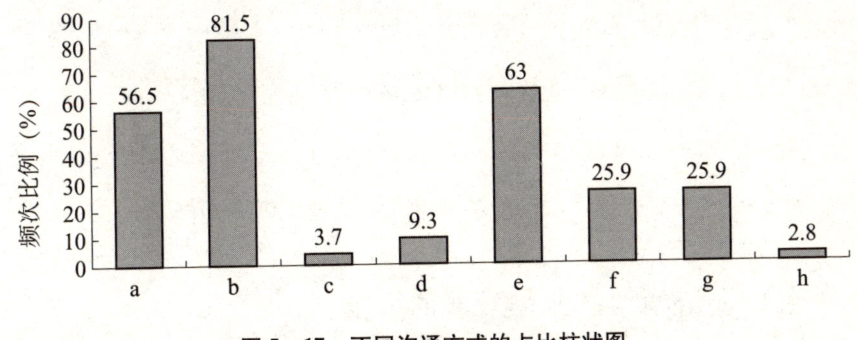

图5－17　不同沟通方式的占比柱状图

a. 手机微信、短信；b. 专业网站、专业论坛；c. 可视电话；d. 上门咨询；e. 不定期举办专业知识培训班或学术报告；f. 扩大服务范围内容；g. 专家下乡；h. 其他

（六）促进产学研的结合

在促进产学研的结合方面，大部分南繁单位选择了加强南繁科研机构与成果转化网络建设和在南繁活动的高峰期，定期举办学术交流会、展会等资讯交流平台，频次比例分别为70.4%和61.1%；其次是创建网站、报刊、专业期刊杂志等科技信息沟通平台和做强南繁育制种产业技术创新战略联盟，分别占比为48.5%和42.6%；最后是举办农业科技引进活动和举办农业项目招商活动，分别占比为22.2%和13.9%（图5－18）。因此，促进南繁基地产学研结合的重要途径是通过举办交流会、创办网站、期刊及构建战略联盟等多种方式，搭建一个连接南繁单位和国内外优秀制育种企业、科研院所、高等院校的资讯与科技的交流平台，以市场为导

向，加速南繁科技成果的转化。

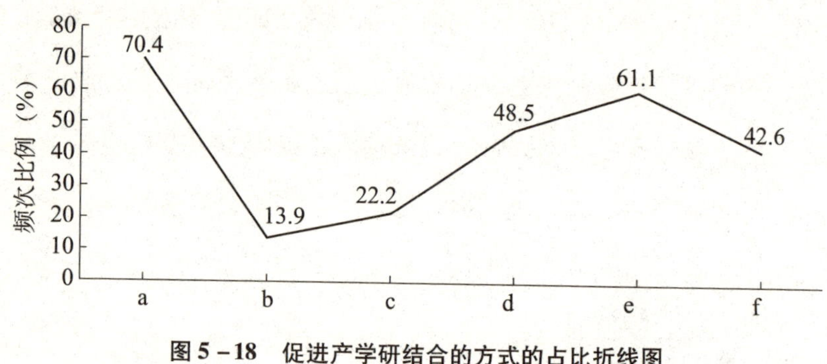

图 5－18　促进产学研结合的方式的占比折线图

a. 加强网络建设；b. 举办农业项目招商活动；c. 举办农业科技引进活动；d. 创建科技信息沟通平台；e. 定期举办相关资讯交流平台；f. 做强南繁育制种产业技术创新战略联盟

（七）促进南繁产业化发展的措施

对于促进南繁产业化发展应该采取的措施，参与调研者认为应该加强政策的倾斜和研究，即在农业科技项目土地使用、资金担保等方面政策倾斜的频次比例为 63.0%，南繁产业政策研究占比为 52.8%，其余几项措施（频次占比）分别是，建设南繁种业科技孵化器（42.6%），以大项目和园区建设带动南繁产业化（41.7%），拓宽融资渠道，加速南繁产业化（37%），培育种业区域性总部（26.9%）（图 5－19）。

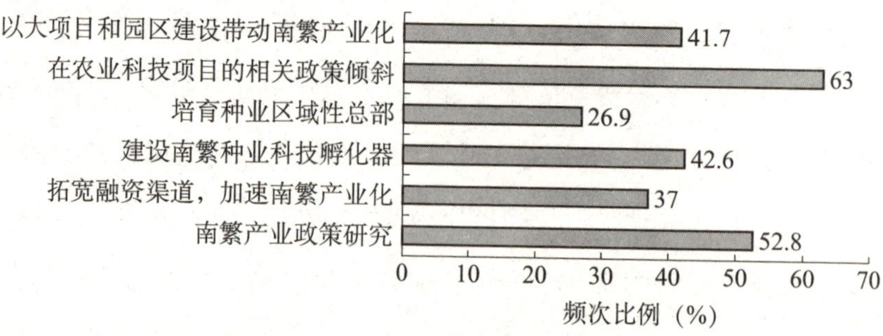

图 5－19　促进南繁产业化发展措施的占比条形图

（八）南繁科研人员积极性的调动

科技人员在南繁科技服务中起着举足轻重的作用，影响整个南繁活动的顺利开展和经济效益。对于如何调动起南繁科技人员的积极性，参与调查者77.8%选择了加大科研人员在种业科研成果中的权益比例，68.5%选择了鼓励科研院所和高等院校通过兼职、挂职、签订合同等方式与企业开展人才合作，57.4%选择了公益性的科研院所和高等院校申请的品种权、专利等知识产权，可以作价到企业投资入股，也可以上市公开交易，57.4%选择了鼓励育种科研人员创新创业，到企业从事商业化育种工作，38.0%选择了将商业化育种成果及推广面积作为职称评定的重要依据之一，25.0%选择了健全育种研发人员培训机制，23.1%选择了支持企业建立院士工作站、博士后科研工作站，21.3%选择了建立种业科技成果公开交易平台和托管中心，制定交易管理办法，17.6%选择了完善种业人才出国培养机制（图5－20）。调查结果表明，要提高南繁科技人员的积极性，一是要加大科研人员在种业科研成果中的权益比例，才能体现出科技知识在市场经济中的价值，也只有科研人员收入得到了实质性提高，才会从根本上调动起他们的工作积极性。二是要鼓励作为科技人员富集的科研院所和高等院校，可以通过各种合理合法途径与制育种企业开展人才合作、投资合作，为科技人员创新创业和科技成果转化营造一个宽松的政策环境和交流合作氛围。

（九）农业科技创新应用

农业科技创新应用是现代农业发展的动力，对于南繁基地在科技创新应用方面的工作重点，各选项的频次由高到低分别是，建立产学研一体化、富有活力的农业科技创新应用体制机制和平台75.0%；设立南繁科技创新发展基金，给予企业科研实验室、人才培养等方面的支持54.6%；编制海南农业科技创新与应用的战略规划51.9%；成立专项课题进行招标研究，着力破解生产一线的技术瓶颈问题36.1%；加强农民的生产实践和市场化培训，引导农民组成专业合作社17.6%；其他0.9%（图5-21）。结果表明，南繁基地的农业科技创新应用工作重点，应该围绕如何建立健全一个南繁产学研一体化、富有活力的农业科技创新应用体制机制以及打造沟通互动平台而展开。

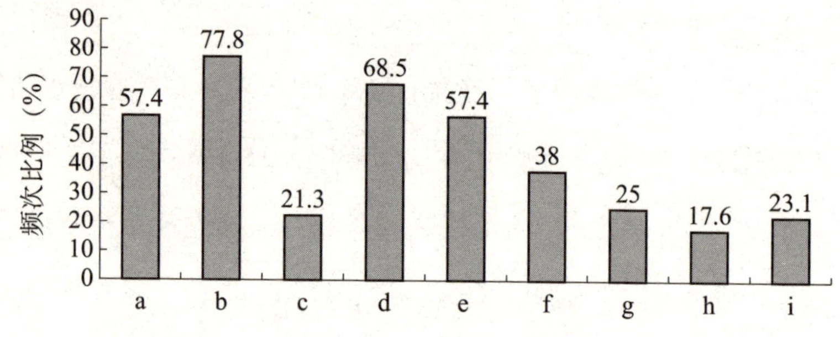

图5-20　调动科技人员积极性措施的占比柱状图

a. 公益性单位知识产权投资入股；b. 加大科研人员的权益比例；c. 建立种业成果交易平台和托管中心；d. 鼓励多种方式与企业开展人才合作；e. 鼓励创新创业活动，从事商业化育种工作；f. 将商业化育种成果及推广面积作为职称评定依据；g. 健全育种研发人员培训机制；h. 完善种业人才出国培养机制；i. 支持企业建立院士工作站、博士后科研工作站

（十）知识产权服务

针对南繁基地的知识产权服务，问卷提供了六个选项，选择频次由高到低分别是，知识产权代理、法律、信息、咨询、培训等服务50.0%，建立知识产权信息服务平台46.3%，建立科学完善的知识产权管理制度39.8%，知识产权分析评议、运营实施、评估交易、保护维权、投融资等

服务 37.0%，知识产权基础信息资源免费或低成本向社会开放 33.3% 和成立知识产权服务联盟 14.8%（图 5－22）。调查结果从侧面反映了当前南繁基地的知识产权服务发展相对滞后、与南繁经济社会发展不协调的现状，也说明了南繁基地知识产权服务业在总体规模、与创新结合程度、市场化率、服务层次及水平方面都亟待提高。

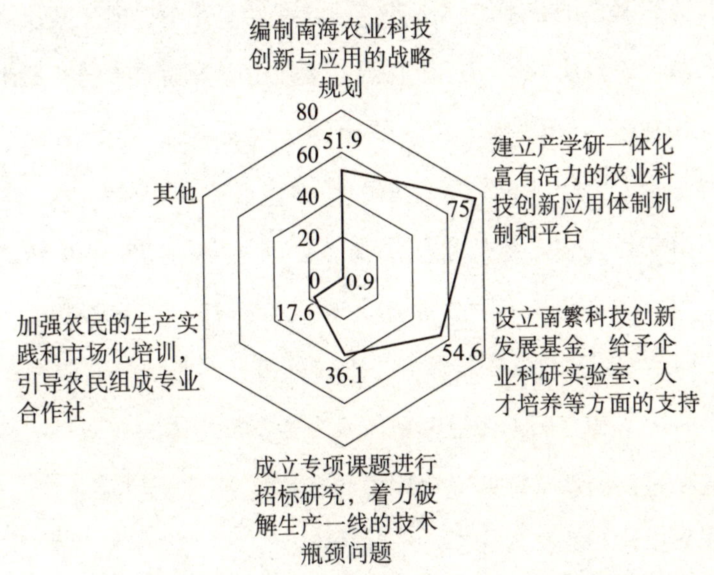

图 5－21　农业科技创新应用的占比雷达图

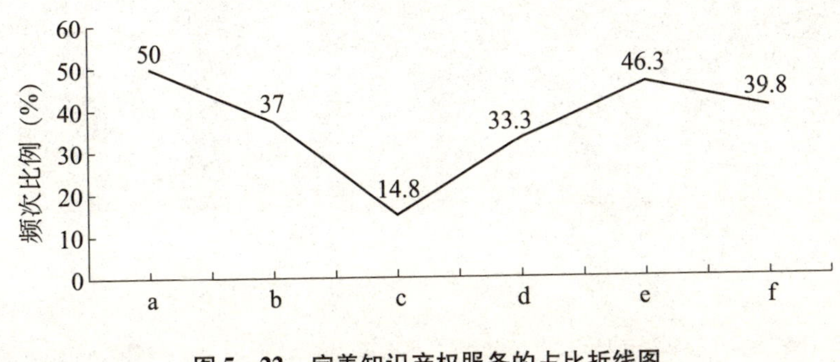

图 5－22　完善知识产权服务的占比折线图

a. 知识产权代理、法律、信息、咨询、培训等服务；b. 知识产权分析评议、运营实施、评估交易、保护维权、投融资等；c. 成立知识产权服务联盟；d. 知识产权基础信息资源免费或低成本向社会开放；e. 建立知识产权信息服务平台 . f. 建立科学完善的知识产权管理制度

三、科技金融贸易服务

（一）技术转移服务

针对南繁基地的技术转移服务，问卷提供了6个选项，频次高低分别是，加强高校、科研院所、产业联盟、工程中心等面向市场开展中试和技术熟化等集成服务70.4%，构筑便捷的在线交流体系46.3%，将高校、科研机构、企业、中介机构等缔结为产学研战略联盟45.4%，定期举办技术进出口交易会、高新技术成果交易会等展会31.5%，开展基层科技管理服务30.6%和进一步落实技术转移机构的日常服务26.9%（图5－23）。调查结果说明，一是强调了技术转移服务的重要性，通过沟通高等院校、科研院所和企业，促进创新体系内各参与主体间互动，实现技术转移所需各类科技创新资源的优化配置和有效整合；二是技术转移服务最适宜的方式是构筑在线交流体系和缔结战略联盟。

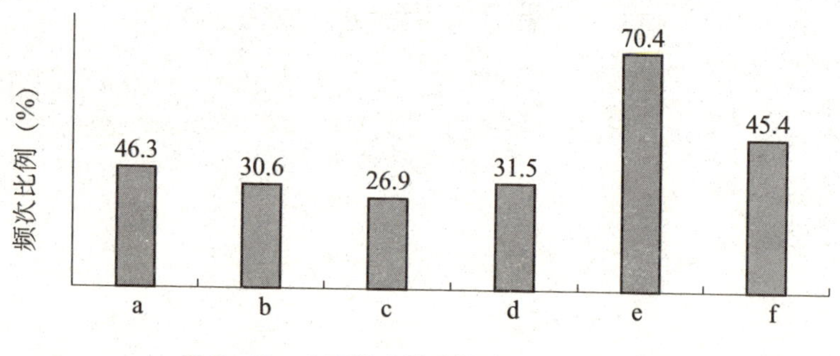

图5－23　实现技术转移措施的占比柱状图

a. 构筑便捷的在线交流体系；b. 开展基层科技管理服务；c. 进一步落实技术转移机构的日常服务；d. 定期举办技术进出口交易会、高新技术成果交易会；e. 加强高校、科研院所、产业联盟、工程中心等面向市场开展中试和技术熟化等集成服务；f. 将高校、科研机构、企业、中介机构等缔结为产学研战略联盟

（二）技术转移过程中需解决的问题

参加调查者对在技术转移过程中遇到的问题，57.4%认为应该强化知识产权共享与保护服务，46.3%认为应该加强技术转移机构的专业化、特色化功能和增值服务能力，38.0%认为应该强化产学研合作过程中的技术成果中试熟化服务，35.2%认为应该提高高等院校、科研机构的知识产权经营能力，30.6%认为应该提高技术定价和技术产权交易信息服务能力，只有26.9%认为应该提高成果效益分成（图5－24）。结果统计显示，一方面，越来越多的南繁单位对在技术转移过程中的知识产权问题给予了关注，特别是对知识产权的共享与保护问题的重视，更凸显了知识产权在南繁科技创新与发展中的重要地位；另一方面，技术转移机构作为科技服务体系中的重要组成力量，过半南繁单位已有意愿同有实力、有经验的技术转移机构开展技术转移合作。

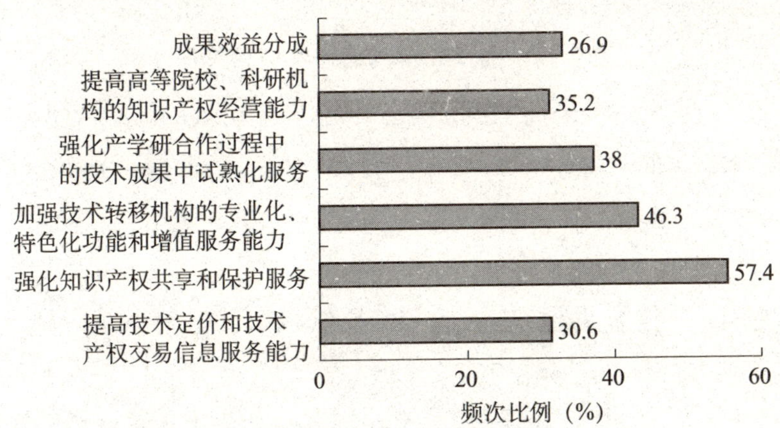

图5－24 解决技术转移过程中问题措施的占比条形图

（三）科技成果商业化的需求

南繁单位对科技成果商业化需求最多的是技术合同网上登记系统及技

术合同网上信息发布系统等技术转移信息服务和技术与知识产权入股，频次比例分别为63.0%和62.0%，其他选项分别为专利检索、交易、培训等服务35.2%，加强同有关国际科技组织和国际知名技术转移机构的合作34.3%，国际技术转移服务8.3%和其他0.9%（图5－25）。结果表明，一是科技成果商业化作为科技成果转移为现实生产力的核心因素，南繁单位需要一个方便快捷、内容丰富的南繁制育种技术转移信息沟通平台，而该平台最好的服务方式是以网络网站的形式出现，方便参与者查询和管理；二是技术成果是一种无形财产，将技术与知识产权作价入股公司，直接影响着科技人员切身利益和成果转化实效；三是从侧面反映了我国农业科技成果走出去较难，少见转移。

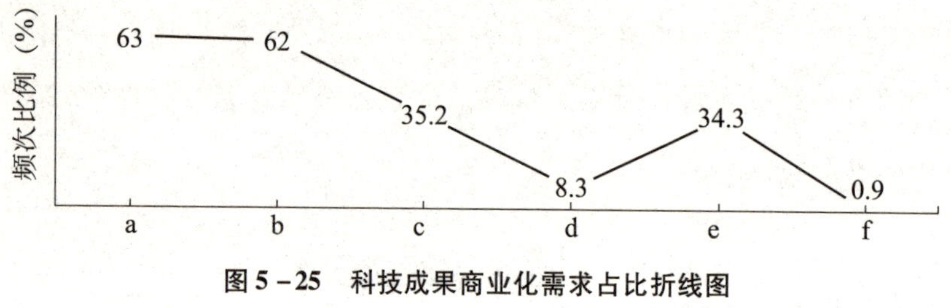

图5－25　科技成果商业化需求占比折线图

a. 技术合同网上信息发布系统等技术转移信息服务；b. 技术与知识产权入股；c. 专利检索、交易、培训等服务；d. 国际技术转移服务；e. 加强同有关国际科技组织和国际知名技术转移机构的合作；f. 其他

（四）科技金融服务

对于最希望获取的科技金融服务，10个选项的频次由高到低依次为创业企业投资服务57.4%、企业贷款担保服务25.9%、企业投融资策划服务24.1%、企业投融资服务23.1%、无抵押贷款18.5%、小额贷款服务17.6%、大学生自主创业贷款担保12.0%、私募股权投资9.3%、企业银行贷款担保6.5%、其他2.8%（图5－26）。结果表明，创业企业对投

资服务的需求远高于其他科技金融服务，这说明南繁创业服务产业正在悄然兴起，创业经济备受关注。因此，国家应该加大对扶助创业创新重要载体（孵化器）的投入力度。同时，加强对民间融资的监督、管理和引导，以促进南繁企业的创业创新。

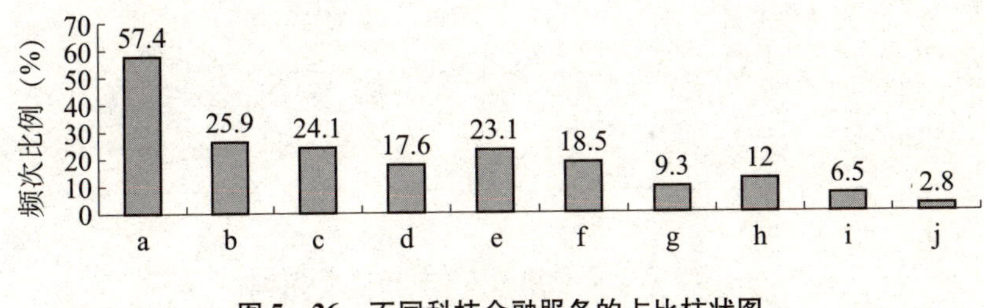

图 5－26　不同科技金融服务的占比柱状图

a. 创业企业投资服务；b. 企业贷款担保服务；c. 企业投融资策划服务；d. 小额贷款服务；e. 企业投融资服务；f. 无抵押贷款；g. 私募股权投资；h. 大学生自主创业贷款担保；i. 企业银行贷款担保；j. 其他

（五）融资方式

对于当前需要的融资方式（频次比例）主要包括以下 7 种——知识产权质押（75.0%）、风险投资（31.5%）、股权质押（31.5%）、信用保险保单质押（17.6%）、商业保险（7.4%）、其他（3.7%）和仓单质押（0.9%）（图 5－27）。调查结果显示，知识产权质押是当前南繁科技服务业最需要的融资方式，其需求远远高于其他种类的融资方式。知识产权质押区别于传统的以不动产作为抵押物向金融机构申请贷款的方式，是一种相对新型的融资方式。虽在欧美发达国家已十分普遍，但在我国则处于起步阶段，南繁单位对这一融资方式表现出来的旺盛需求也说明建立健全诸如促进知识产权质押融资的协同推进机制、服务机制、融资评估管理体系及有利于知识产权流转管理机制等一系列尚需完善的机制已迫在眉睫。

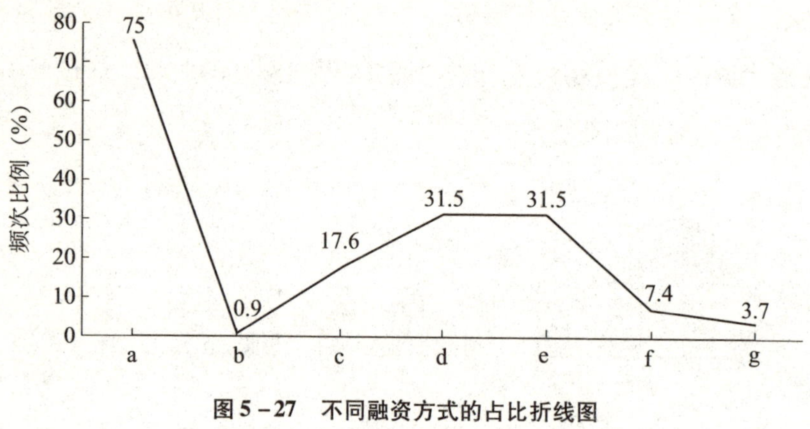

图 5－27　不同融资方式的占比折线图

a. 知识产权质押；b. 仓单质押；c. 信用保险保单质押；d. 风险投资；e. 股权质押；f. 商业保险；g. 其他

四、企业及产业孵化服务

（一）创业孵化服务

南繁单位对亟须的创业孵化服务，过半参与调查单位选择了创业成果转化、创业项目及产品推介、创业项目需求及成果转化服务和项目咨询与实施、行业背景研究、项目投资分析、登记注册、市场策划、专利、工商、法律、会计、审计、评估、产权、企业管理、战略设计等综合性服务两项，具体频次比例为 57.4% 和 51.9%，其他创业孵化服务及其频次比例分别为引导企业、社会资本参与投资建设孵化器，促进天使投资与创业孵化紧密结合 38.9%；创业讲座、论坛、沙龙创业大讲堂、创业辅导员服务体系等创业指导及教育培训服务 29.6%；创业公共场所和初创企业基本办公条件及资料阅读、期刊服务 25.0%；财务管理服务 9.3%；定期举办创新创业大赛4.5%和其他0.9%（图5－28）。结果表明，南繁单位需要的不仅是单纯的创业培训服务，而且是一个能够提供成果转化、项目需求、投资分析、战略设计、法律咨询等多元素的综合性服务平台。帮助创业企业解决如何择业、怎样创业、如何融资、如何运做管理等实际问题，以提高创业企业的综合素质，减少创办企业的盲目性和降低企业的经营风险。

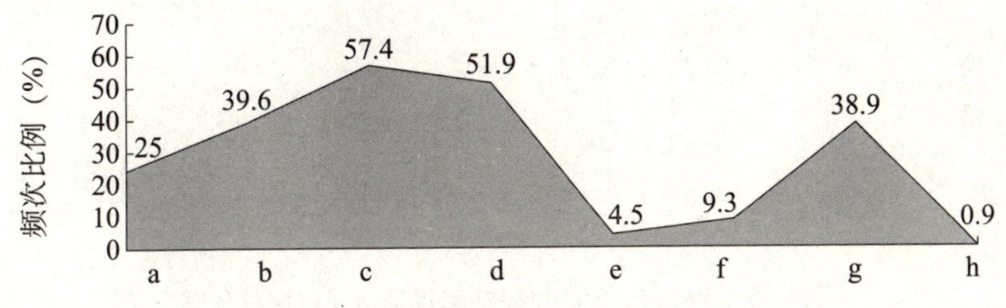

图5－28　创业孵化服务的占比面积图

a. 创业公共场所和初创企业基本办公条件及资料阅读、期刊服务；b. 创业讲座、论坛、沙龙创业大讲堂、创业辅导员服务体系等创业指导及教育培训服务；c. 创业成果转化、创业项目及产品推介、创业项目需求及成果转化服务；d. 项目咨询与实施、行业背景研究、项目投资分析、登记注册、市场策划等综合性服务；e. 定期举办创新创业大赛；f. 财务管理服务；g. 引导企业、社会资本参与投资建设孵化器；h. 其他

（二）科技企业孵化器的创新服务工作

为进一步做好科技企业孵化器的创新服务工作，被调查者普遍认为应该重点开展产学研合作服务、科技型企业创业孵化服务、知识产权展示和交易，其频次比例分别为68.9%、65.7%和41.7%。其余四个选项则分别为大学生科技创业服务15.7%、中小企业投融资服务13.9%、创新若干科技孵化器11.1%和国际合作服务11.1%（图5－29）。结果表明，一方面表明农业科研单位和科技企业基于知识产权展示和交易的产学研合作

服务需求巨大；另一方面表明，南繁基地亟须搭建和完善一个能够提供全方位、多层次科技型创业孵化服务的平台体系，能够帮助入驻企业落实各级政府税收优惠政策，协助政府部门为入驻企业进行各类专项资金资助项目的申请。

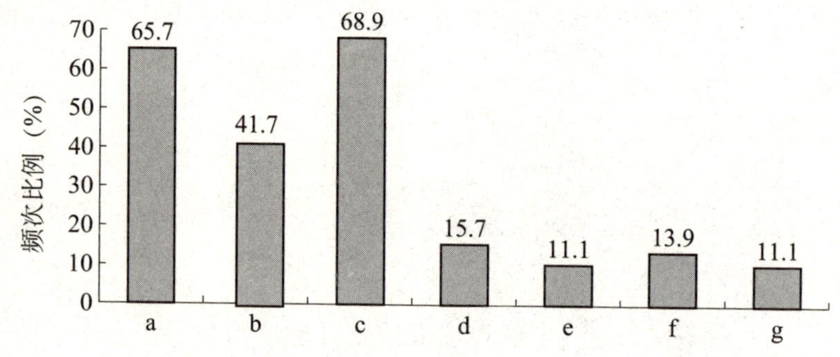

图 5－29　科技企业孵化器创新服务工作占比柱状图

a. 科技型企业创业孵化服务；b. 知识产权展示和交易；c. 产学研合作服务 . d. 大学生科技创业服务；e. 国际合作服务；f. 中小企业投融资服务；g. 创新若干科技孵化器

（三）科技企业孵化器应提供的主要服务项目

对于南繁科技企业孵化器应提供的主要服务项目，问卷提供了九个选项，频次高低排列依次为房屋租赁、工商注册、代理年检、科技政策咨询、信息交流等基础服务 56.5%；项目申报、项目对策、成果鉴定、项目评估等科技服务 50.9%；人力资源、市场推广、财会审计、法律事务、管理咨询、专利服务、产品推广等中介服务 44.4%；科技基金、贷款融资、风险投资、天使投资等投融资服务 36.1%；组织企业间的联谊活动，交流企业发展经验，开展业务合作 23.1%；创业培训、就业培训、入园培训、管理培训等培训服务 19.4%；负责落实孵化企业财政扶持政策和留学人员回国创业优惠政策 13.0%；协助企业在高新技术开发区或本市工业园区内征地建厂 7.2% 和其他 0.9%（图 5－30）。结果表明，南繁单位最感兴趣的四种服务项目是基础、科技、中介和投融资服务。该项调查能为科技企业孵化器对创新创业企业有的放矢地开展工作提供指导性意见，以增强孵化器的孵化效率和能力。

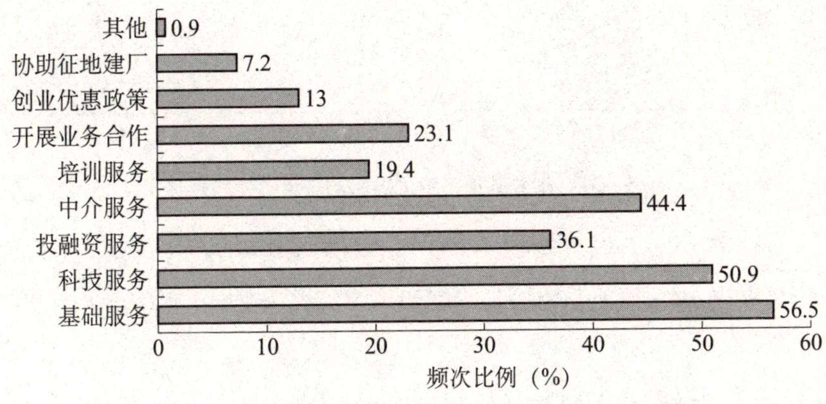

图 5－30　科技企业孵化器应重点突出项目占比条形图

（四）南繁产业发展突出的制约因素

针对南繁产业发展突出的制约因素，参与调查单位选择最多的是土地政策和南繁与地方结合弱，频次比例分别为 54.62% 和 53.7%；其次是国家财经政策、技术与成果转让瓶颈和南繁单位根植地方的动力，频次比例分别为 37.0%、33.3% 和 30.55%；然后是南繁种业发展政策占比 26.85%、地方财经政策占比 23.1%、金融与产业资本占比 13.9%、人才占比 13.9% 和市场潜力占比 2.7%（图 5－31）。结果表明，当前困扰南繁产业发展的主要问题还是土地和政策问题。值得注意的是，由于南繁工作的特殊性，对海南地方经济的示范带动效益没有热带高效农业、房地产业和旅游业显著。因此，随着海南地价的不断攀升，南繁基地逐步向西转移，租地难、地价贵已成为影响南繁科技服务，甚至整个南繁产业发展的主要原因。

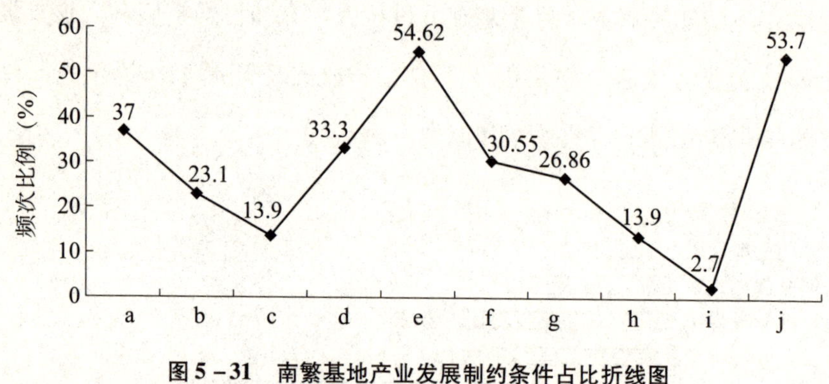

图 5－31　南繁基地产业发展制约条件占比折线图

a. 国家财经政策；b. 地方财经政策；c. 金融与产业资本；d. 技术与成果转让瓶颈；e. 土地政策；f. 南繁单位根植地方的动力；g. 南繁种业发展政策；h. 人才；i. 市场潜力；j. 南繁与地方结合弱

（五）南繁产业发展突出的驱动力量

对于南繁产业发展突出的驱动力量，有 72.2% 的参与调查单位选择了国家划定南繁保护区，其次是海南自然资源禀赋和南繁发挥农业创新和科技聚集作用，频次比例分别为 59.3% 和 53.7%，其余选项分别是南繁汇集国内种业最新成果 39.4%、南繁发挥农业成果扩散作用 33.3%、南繁聚集国内顶尖人才 21.3%、南繁历史发展惯性 13.0% 和其他 0.9%（图 5－32）。结果表明，海南省政府于 2014 年 12 月提出将三亚、乐东、陵水适宜南繁科研育种的 26.8 万亩耕地划为南繁科研育种保护区，实行用途管制的决定是符合当前南繁产业需要的，受到了南繁单位的普遍支持；海南南繁具有不可替代性，发挥南繁优势促进产业发展是国家和地方共同的一项重要议题，关乎南繁发展的内生动力问题。

（六）南繁产业的发展重点

对于南繁产业的发展重点，有 77.8% 的参与调查单位选择了南繁现代服务业，其次是种业科技创新中心和制种产业，频次比例分别为51.9%和49.1%，其他发展重点（频次比例）则为国家农业体制创新先行试验区（41.7%）、种业总部经济（32.4%）、国家种苗进出口总部（13.0%）与种子和种子期货交易（9.3%）（图5－33）。调查结果表明，当前南繁产业发展的重中之重就是打造南繁现代服务业，要发挥南繁基地作为我国现代种业科技研发的前沿阵地作用，推动种业创新与服务中心等平台的建设。要借助“一带一路”战略的实施，制定南繁专项政策将三亚打造先行试验区，帮助种业走出国门，并全力将南繁基地打造成服务全国现代科研育种大平台。

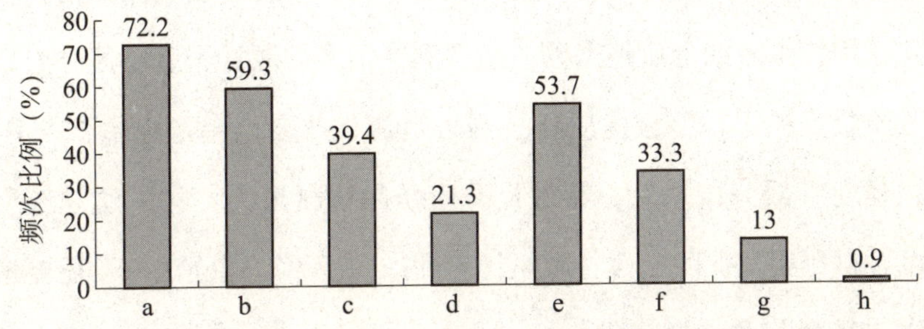

图5－32　南繁产业发展驱动力量占比柱状图

a. 国家划定南繁保护区；b. 南海自然资源禀赋；c. 南繁汇集国内种业最新成果；d. 聚焦国内顶尖人才；e. 发挥农业创新和科技聚焦作用；f. 发挥农业成果扩散作用；g. 历史发展惯性；h. 其他

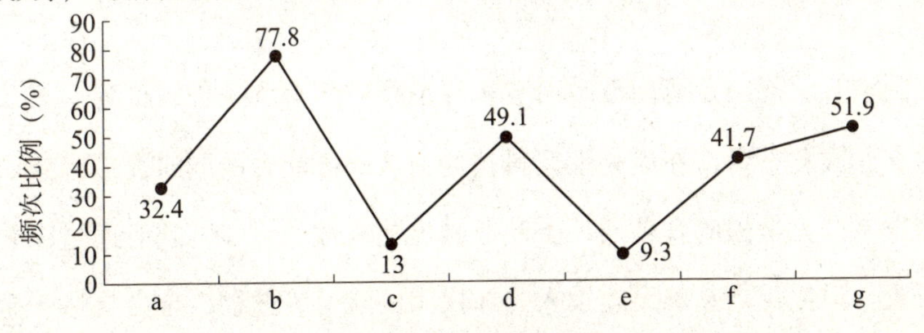

图5－33　南繁产业发展重点占比折线图

a. 种业总部经济；b. 南繁现代服务业；c. 国家种苗进出口总部；d. 制种产业；e. 种子和种子期货交易；f. 国家农业体制创新先行试验区；g. 种业科技创新中心

第六章　南繁科技服务业发展有关建议

南繁基地经过近60年的发展，已成为农业领域的重要概念，产业化前景巨大且深远，南繁种业在促进种业创新、新农村建设、保障粮食安全等方面作用特殊。如上所述南繁发展遇到了诸多问题，今后以提升南繁科技服务质量为抓手，整合优质科技服务资源，改变南繁产业资源“散”、产业化程度“低”的现状，有效提升南繁品牌凝聚力，除了建立健全管理制度、科研用地保障法律、政策优惠和加快南繁产业立法外，还要进一步加强“整合”和“提升”。

一、构建公共技术支撑服务平台

国家有关部门及海南省政府有责任汇集一切有利条件，构建南繁公共技术支撑服务平台，在提高南繁科技创新与服务能力的同时促进南繁产业化的发展，为全国的育种及种子产业做出建设性的贡献。政府通过完善机构设置、强化科研基础设施投入、加快园区建设等途径，全力打造一个良好的公共技术支撑服务环境。同时，通过公共技术支撑，提高南繁整体科技服务水平，提升科技创新能力和核心竞争力，优化产业发展环境，为培育壮大海南乃至全国南繁企业打牢根基。

（一）理顺组织关系，强化管理规划

完善机构设置，强化组织管理。近年来，南繁产业的发展初露端倪，要实现其跨越式发展，建立南繁产业组织管理体系势在必行。首先，科研机构及地方政府应联合牵头，申请农业部、科技部、国土部、财政部等部委对南繁开发区划拨项目资金、提供土地支持，并协调国家有关部委制定南繁科研、生产、经营、流通等一系列优惠政策。其次，由政府牵头组织成立南繁产业建设和发展协调领导小组，小组成员单位由省属相关机构组成。再次，设立专门的南繁开发区的运营企业，海南省农业厅、科技厅作为该公司的行业主管单位，并设立专门管理部门或抽调领导成员负责相关行政工作。最后，中央和南繁基地所在省、市分担职责，制订相关政策，并成立日常办事机构，以国家投入为主，完善基础设施建设，加强管理和服务，调动各级领导和科技人员积极性，整合多方资源，进一步提高南繁基地效能。

加快园区建设，强化管理规划。加快海南三亚国家农业科技园区建设，将园区建设作为国家南繁基地规划建设的一项重要抓手，将其打造成海南南繁产业发展的重要平台，并成立园区管委会，对园区进行有效规划和管理。一是尽快制定园区优惠政策，对接国家南繁基地规划，吸引一批有实力的南繁机构参与园区建设。二是通过建设园区平台，政府积极引导和扶持种子企业与优势科研教学单位紧密结合，培育一批“育繁推”一体化、产学研紧密结合的现代种业企业，构建现代种业科技创新体系。三是针对南繁育种产生的南繁生态安全问题，要积极争取农业部等部委的支持，尽快启动南繁转基因生物安全试验基地的建设。四是重点建设“海南国家南繁研发中心暨海南国家南繁育种公共服务实验平台”“海南国家南繁育种工程实验室”“国家南繁检验检疫中心”“南繁检疫性有害生物隔离场”“南繁种业科技孵化器”等项目。

（二）强化基础建设，提升服务能力

加大保护区建设力度。通过整治南滨农场土地资源，研究合理的安置方案，建设完善相关配套设施，重点做好三亚南滨南繁保护区和正规化基地建设，使其成为南繁公共技术支撑服务的核心基地，并在相应的规划区域内整合建设用地资源。

加快现有资源的开放和共享。国家科技部支持海南省组建南繁科技创新公共服务中心，与高校院所、科研院所、大型企业研发中心建立科技资源共享机制，督促南繁现有资源的开放和共享。通过整合科技成果、仪器设备、实验室、专家等资源，充实公共服务中心的各类数据库资源，并整理成详细的名录向社会公布。同时，高等院校和科研院所的重大科研基础设施、国家收集保存的种质资源要按规定向社会开放。

加强基础性公益性理论研究。一是国家财政科研经费要加大对南繁基础性、公益性研究的投入，逐步减少用于农业科研院所和高等院校开展杂交玉米、杂交水稻、杂交油菜、杂交棉花和蔬菜商业化育种的投入。二是加强种业相关学科建设，支持科研院所和高等院校重点开展育种理论、共性技术、种质资源挖掘、育种材料创新等基础性研究和常规作物、林木育种等公益性研究，构建现代分子育种新技术、新方法，进而创制突破性的抗逆、优质、高产的育种新材料。

（三）加大检疫力度，强化市场监督

加强生物质量控制与管理。农业部等国家部委支持海南省农业等部门组建种子种苗检验检疫中心、科技安全控制中心及病虫害预警与控制中心的基础上，配置人力经费，完善南繁基地的生物质量控制与市场监管，加强对大中型企业开展的监督抽查和专项检查力度，保障农业生产用种的质量安全。

建立南繁管理准入制度和检疫制度。一是海南省政府要出台有关南繁管理的准入制度，各南繁单位要严格按照南繁属地管理相关要求，到农业部门进行登记备案。二是建立健全南繁检疫制度，加大对外来物种检测，对于在海南辖区进行育种、制种的南繁单位，必须进行检疫检测等统一管理。

加强种子市场监管。一是继续加大侵犯品种权和制售假劣种子等违法犯罪行为的打击力度，一旦发现，要及时向公安、检察机关移交。二是各级农业、林业部门查处的制售假劣种子案件，要按规定的程序及时向社会公开。三是要打破地方封锁，废除任何可能阻碍外地种子进入本地市场的行政规定。四是建立种子市场秩序行业评价机制，督促企业建立种子可追溯信息系统，完善全程可追溯管理。五是推行种子企业委托经营制度，规范种子营销网络。

二、构建科技信息交流服务平台

（一）健全交流机制，促进行业合作

建议在农业部和海南省政府的支持下，由海南省南繁管理办公室牵头，通过加强南繁科研机构与成果转化网络建设，在南繁活动的高峰期，定期举办学术交流论坛、展会、农业项目招商等资讯交流活动，举办不定期专业知识培训班或学术报告，创建报刊、专业期刊杂志等方式，建立健

全南繁资讯交流机制，搭建南繁科技信息交流服务平台，有效加强农业科研机构、高等院校、科技主管部门、企业、行业协会的合作共建，彻底改变当前南繁各参与单位各自为政的涣散现状。

凸显企业地位，强化技术创新。鼓励、引导各类中介机构和社会力量融入南繁科技服务活动，逐步建立以企业为主体、市场为导向、产学研合作的多元化科技服务业体系，推动科技服务专业化分工和产业链上下游互动。一是鼓励种子企业加大研发投入，建立股份制研发机构，并鼓励有实力的种子企业并购转制为企业的科研机构。二是加速公益性的科研院所和高等院校实现与其所办的种子企业脱钩，其他科研院所逐步实行企业化改革。改革后，育种科研人员在科研院所和高等院校的工作年限视同企业养老保险缴费年限。三是新布局的国家和省部级工程技术研究中心、企业技术中心、重点实验室等种业产业化技术创新平台，要优先向符合条件的“育繁推”一体化种子企业倾斜，设立专项资金对开展种业领域相关研发活动的企业进行补助，以调动企业技术创新的积极性。四是发挥现代种业发展基金的引导作用，广泛吸引社会、金融资本投入，支持企业开展商业化育种，鼓励企业“走出去”开展国际合作。

建立战略联盟，增强创新能力。一是建议海南省科技部门牵头，根据南繁产业发展需要，依托南繁产业技术创新战略联盟，选择、争取与国内更多的高校、科研院所建立产学研战略联盟，开展合作交流。充分发挥政府引导作用，共同打造国家级、省部级和校地、校企等各种层次的研究开发平台，积极举办多种形式的产学研合作对接活动，推进企业院士工作站和产业技术创新战略联盟的创建，提升产业创新能力。二是鼓励、引导重点龙头企业牵头组建更多的创新联盟，整合行业创新资源，推动优势产业关键技术创新，实现由单项技术合作研发向行业共性技术、全国技术标准研究制定转变，增强南繁科技服务业产业整体竞争力。

（二）加强国际合作，服务丝绸之路

随着我国和丝路沿线国家的农业合作逐渐深入，三亚外交基地功能日益凸显，农业技术交流、人才培养以及政府和企业间多种合作方式陆续展开。海南光温条件好，新品种选育周期短的区位优势日益凸显。因此，随着国家建设21世纪海上丝绸之路宏伟战略的推进，南繁基地将成为国际种业交流合作的重要平台和基地，并服务于21世纪海上丝绸之路建设。特别是海南气候条件与东南亚国家相似，在海南适宜种植的品种在东南亚国家也可以种植，有着巨大交流与合作空间。

三、构建科技贸易金融服务平台

（一）加速成果转化，提升运作能力

调动积极性，提高成果转化率 。随着南繁市场化程度的不断提高，科研人员是市场上的稀缺资源，在人才市场的价格越来越高，他们是行业创新的骨干力量，构成了我国南繁事业的核心竞争力。因此，务必调动起科研人员的积极性来提高高新科技成果的转化速度和转化率。一是确保公益性的科研院所和高等院校利用国家拨款发明的育种材料、新品种和技术成果可以申请品种权、专利等知识产权，可以作价到企业投资入股，也可以上市公开交易。二是研究并确定种业科研成果机构与科研人员权益分配比例，并由农业部、科技部会同财政部等部门组织在部分科研院所和高等院校做好试点。三是建立种业科技成果公开交易平台和托管中心，制定交易管理办法，禁止私下交易。四是支持科研院所和高等院校与企业开展合

作研究，支持科研院所和高等院校通过兼职、挂职、签订合同等方式，与企业开展人才合作。五是鼓励科研院所和高等院校科研人员到企业从事商业化育种工作。六是改变论文导向机制，加强种业实用型人才培养，建议商业化育种成果及推广面积可以作为职称评定的重要依据。七是支持高等院校开展企业育种研发人员培训。八是完善种业人才出国培养机制。九是支持、鼓励企业建立院士工作站、博士后科研工作站。十是鼓励退休专家加盟种子企业可创办小微企业，重点繁荣非主要农作物市场。

加速南繁成果的就地转化。通过建设与完善南繁公共技术支撑服务平台，支持成果就地转化与科技服务。一是三亚市南繁科学技术研究院作为南繁科研公共服务实验平台、学术交流合作平台的机构载体和政府配套建设南繁科研平台的主要依托单位，必须要重点做大做强。二是鼓励并吸引大学、大院、大所在南繁基地注册独立机构落地，可独立建设或联合建设分院、分所、分中心，打造我国农业科研区域研发中心。三是依托海南省农业推广系统和海南省农业科技服务 110 网络体系、服务站点与人才资源，吸引社会化资源，建设示范推广平台，加速南繁成果的就地转化。

提升技术转移机构的市场化运作能力。一是支持服务机构和企业之间探索新型技术转移合作模式，解决技术转移过程中技术定价和知识产权的共享与保护等问题。二是增强技术转移机构的专业化、特色化功能和增值服务能力，强化产学研合作过程中的技术成果转化服务。三是提高科研机构的知识产权经营能力。四是完善技术交易中心、技术合同网上登记系统和技术合同网上信息发布系统，提高定价服务及技术产权交易信息服务能力。五是加强技术、知识产权等要素市场建设，优化成果转移转化环境。六是积极发展国际技术转移服务，选择有条件的区域建立技术转移中心，加强同有关国际科技组织和国际知名技术转移机构的合作，为企业引进先进适用技术、国际技术收购、技术与知识产权入股等业务提供专业化服务。

（二）加大扶持力度，拓宽融资渠道

加大科技项目投入。加大财政支持力度，在各类国家科技计划中，增加对科技服务业科技项目的投入，引导社会资金投资科技服务业科技创新。充分发挥科技支持的作用，完善知识产权价值评估制度，积极推进知识产权质押，拓宽科技服务业发展融资渠道。设立科技型中小企业创新发展专项资金，重点扶持科技服务业科技创新。鼓励各类创业风险投资机构和信用担保机构对发展前景好、吸纳就业多以及运用新技术、发展新业态的中小科技服务企业开展业务。

拓宽融资渠道，营造投资氛围。设立南繁产业创投基金，并鼓励多渠道融资或招股，成立多种类型的南繁创投股份制有限公司、南繁管理服务公司，承担产业化项目和提供产业化服务，建设育种平台和繁制种平台；引导产业资本，充分利用南繁群聚优势，打造种业成果交易与信息平台；支持种业龙头企业、集团、上市公司在海南建立（区域性）总部或分公司。同时，响应企业融资方式需求，积极发展推行知识产权质押等融资新形式。

全国人民都知道海南的热带气候资源，但多数人不知道半个多世纪来海南这片热土在促进中国农业科研试验、推进农业生产，保障国家粮食安全、改善人民生活等方面发挥了不可替代的重要作用。因此，宣传部门要借助新闻媒体，大力宣传南繁历史性的贡献，宣扬南繁人和南繁精神，积极营造良好的政策环境、法治环境和舆论环境，充分发挥政策的集成和导向作用；加强对科技服务价值和社会功能的宣传，通过各种媒体，普及科技服务和科技创新知识，使全社会特别是作为创新主体的企业充分认同科技服务的价值，这对于南繁的投资建设非常有利。

健全保障机制，构建投融资体系。一是建议各行政单位及国家、省属金融机构等部门，在健全南繁投融资保障机制、加大南繁投融资力度、丰富农业投融资方式多样化等问题上给予积极引导和支持。二是通过构建海南南繁投融资体系，吸引社会资金、挖掘南繁资源，创建海南南繁产业开发区，拓宽南繁产业体系，充分发挥南繁产业在旅游岛建设过程中的重要作用。

培育风投机构，增强信用担保。大力培育专业性科技风险投资机构，加快中小科技企业信用担保体系建设。设立市级风险投资引导资金，同时以政府示范性引导资金拉动全社会各类资金投资设立风险投资机构，扩大风险投资的资金来源，增强风险投资机构的资金实力，引导风险投资机构加大对科技型中小企业的投资。

（三）构建孵化联盟，服务创业创新

培育和支持创业服务新业态的发展，推动投资主体多元化、运行机制多样化的孵化器建设，大力推广“孵化加创投”的孵化模式。通过整合创新创业服务资源、加大与专业服务机构的合作，为高成长企业做大做强提供资本、人才、市场等深层次服务，提升创业成功率和孵化器可持续发展能力。一是政府对投资发展孵化器的单位给予土地优惠、税收优惠、孵化器建设及运维补贴、种子资金或孵化资金等方面支持，并为创业企业提供工商注册、税务登记、社保办理等“一站式”服务。二是加强各孵化器与各高校、各级人才中心的联系，为高校毕业生创业提供咨询，让更多的大学生、高校教师、科研人员、海外人才等创业主体深入了解、参与创

业，并通过孵化器协会等组织，构建南繁孵化联盟，加强各孵化器之间的交流合作，促进南繁整个孵化器行业的发展。三是为孵化器引入咨询公司、投资公司、金融机构、律师事务所、会计事务所等中介机构，为其健康发展保驾护航。

四、构建综合性培训服务平台和社会化服务平台

（一）完善人才培训体系，创新人才培养模式

南繁相关单位应加强与教育部门的合作，探索建立科技服务业学科体系，加大人才培养规模和深度，为南繁提供一个综合性的培训服务平台。一是引导有条件的高等院校加强科技服务业学科建设和人才培养工作，为其发展提供更多的高层次复合型专门人才。二是组织力量撰写《海南南繁中长期人才发展规划纲要》，积极支持地方和园区开展科技服务业人才培训，建立完善科技服务业专家库，为地方和园区开展科技服务业人才培训提供师资支撑。三是创新人才培养模式，以提高人才素质、促进人才快速成长为目标，支持高校、科研院所、企业联盟联合培养创新人才，建立一批南繁科技服务业科技人才培养基地，积极探索高素质科技服务业创新人才培养的新路子。

（二）建立农业科技社会化服务队伍，切实提高服务意识

通过健全南繁社会化服务体系，打造社会化服务平台，有效运用社会各方面的力量，为大多数从事南繁事业的“规模小”“资金缺”“人员少”的科研或生产企业单位提供成套的组织机构和方法制度，以帮助他们适应市场经济体制的要求，克服各种弊端，获得大规模生产效益，改变当前南

繁产业资源“散”、产业化程度“低”的状况。因此，政府应该引导和鼓励企业建立一批专业化程度高、针对性强的农业科技社会化服务队伍，采用“联营合作”模式，为南繁企业或单位提供“保姆式服务”。同时，为安保、土地整理、生活服务、田间管理、气象通信等后勤保障及基地托管、栽培技术支持、试验规划、委托试验等技术性较强的生产加工方面提供市场化服务。

（三）建设服务体系，成立服务协会

建设科技服务网络体系，成立科技服务行业协会，为协调各中介机构的业务、沟通信息、加强行业自律、推进科技中介机构的资信认证和绩效评估工作提供有机载体。同时，充分发挥科技服务行业协会作用，协助相关部门制定落实优惠政策，吸引各类科技服务机构向科技创业产业园区集聚，促使其向品牌化、规范化、国际化方向发展。

第七章　结　语

海南尤其是三亚具有得天独厚的光温气候资源优势，为南繁科技服务业发展提供了良好的先天条件。近年来，国家及地方政府诸多利好政策的颁布无不预示着海南国家南繁事业的发展获得重大的发展机遇。南繁科技服务的快速发展，不仅有赖于政府部门的支持，而且有赖于全行业、全社会共同努力。经历市场经济大潮洗礼后，通过各类南繁科技服务模式的综合施策，必将大幅度提升南繁科技服务能力，更好地促进南繁事业持续健康发展。

附　录

南繁科技服务模式与产业发展调查问卷

（注：本次调查属于匿名调查，不会导致您或单位信息的泄漏）

您来自________省（自治区、直辖市）________县（市、区）

贵单位性质是：□A. 科研院所　□B. 高等院校　□C. 技术推广部门

□D. 国内种业公司　□E. 合资或外资种业公司

□F. 个人　□G. 社会团体　□H. 其他________

您的职称是：□A. 正高　□B. 副高　□C. 中级

□D. 初级　□E. 其他

您的职务是：________

一、规范运营环境和基础设施建设服务

1. 希望国家出台的法律法规是（最多选 4 项）

□A. 南繁种苗进出口优惠条例　□B. 南繁基本农田保护

□C. 南繁资格许可　□D. 南繁基地配套设施建设

□E. 事业单位南繁分支机构设立办法

□F. 南繁育制种生态安全保护条例

□G. 南繁品种试验数据可代替区域试验数据

□H. 南繁动植物品种权成果交易鼓励办法

□I. 南繁种子和种子期货交易办法

□J. 其他______________________

2. 希望在南繁工作中健全以下哪些管理条例（最多选 2 项）

□A. 南繁工作管理条例　　□B. 种子种苗进岛出岛管理条例

□C. 南繁种子生产经营　　□D. 南繁科研仪器共享

□E. 南繁动植物检验检疫制度　　□F. 南繁育制种企业注册

□G. 南繁金融保险政策

□H. 其他______________________

3. 希望可以享受到哪些国家优惠政策（可多选）

□A. 良种补贴　　□B. 农资价格补贴

□C. 农机具购置补贴　　□D. 贷款贴息

□E. 小型农田水利补助　　□F. 支农贷款

□G. 南繁保险　　□H. 南繁人才个税减免

□I. 南繁科研仪器进口退税

□J. 其他______________________

4. 希望南繁地区能够享受到的功能服务（最多选 4 项）

□A. 种业创新与良种展示交易　　□B. 科研实验公共平台

□C. 种质资源保存　　□D. 生物安全检测平台

□E. 试验服务和技术支持平台　　□F. 国际交流合作与技术转移

□G. 协调提供优良育制种基地　　□H. 公共科研资源开放共享

□I. 其他______________________

5. 政府部门应该加强哪些工作，对南繁基地进行有效规划和管理（最多选 3 项）

□A. 健全的南繁基地管理制度

□B. 创建南繁官方门户网站，开办在线业务

□C. 统一规划、管理基地的基础设施和公共设施

□D. 加强基地的各项目标管理和服务

□E. 协调入驻基地项目的选址、规划审批，对入驻建设项目进行指导、管理

□F. 加强对南繁育种材料和品种的保护

□G. 其他________________________

6. 为提升南繁的基础性公益性服务能力，应该（可多选）

□A. 加强育种理论、共性技术、种质资源挖掘、育种材料创新等基础性研究

□B. 加强常规作物、林木、花卉、水产等育种相关的公益性学科建设

□C. 适当减少国家财政科研经费在商业化育种的投入，加大基础性公益性研究投入

□D. 国家投资建设南繁公共服务实验平台

□E. 按规定向社会开放重大科研基础设施、国家收集保存的种质资源

□F. 其他________________________

7. 如何加快育种科研基地建设（可多选）

□A. 由国家向地方转移支付，加大对三亚、乐东、陵水等传统南繁育种基地的保护

□B. 加大对南繁育种基地的基础设施和基本条件建设方面的资金支持力度

□C. 在三亚、乐东、陵水等区域划定南繁保护区，实行比基本农田更为严格的政策

□D. 规划建设若干南繁育种园区，避免串粉和花粉漂移，同时保障材料

安全

□E. 基于南繁建设若干国家级品种区域试验站，加快品种审定

□F. 其他__________________________

8. 如何加快种子生产基地建设（可多选）

□A. 加大对国家级制种基地和制种大县在基础设施和基本条件建设方面的政策支持力度

□B. 落实制种保险、林木良种补贴、粮食作物制种大县奖励、林木种子贮备等政策

□C. 鼓励银行加大对种子收储加工企业的信贷支持力度

□D. 通过土地入股、租赁等方式，推动土地向制种大户、农民合作社流转

□E. 研究建立中央、地方、社会资本多元化投资机制，建设南繁科研育制种基地

□F. 建立南繁种业交易所

□G. 其他__________________________

9. 如果建立一支专业的针对南繁的农业科技社会化服务队伍，贵单位的态度是（最多选 2 项）

□A. 有自己的团队，不需要这样的服务队伍

□B. 有自己的团队，同时也需要这样的服务队伍（下转第 10 项）

□C. 没有自己的团队，需要这样的服务队伍（下转第 10 项）

10. 如果需要南繁科技社会化服务队伍，需要哪些服务，请排序（用阿拉伯数字标注，其中 1 为最优先，依次排序）

□农田改良　　□试验规划　　□用工辅助　　□栽培技术支持

□试验隔离　　□实验室配套　　□种子干燥　　□田间管理

□委托试验　□气象服务　□土地整理　□水、电支持

□安保服务　□通信服务　□网络服务　□生活服务

□基地托管

□其他＿＿＿＿＿＿＿＿＿＿＿＿＿＿

11. 如何加强对南繁基地的监督管理（可多选）

□A. 加快南繁标准化体系建设　□B. 建立南繁认证认可体系

□C. 南繁检验检测服务　□D. 严打南繁育种材料偷窃行为

□E. 健全南繁快捷便利的管理制度　□F. 规范南繁生物安全试验

□G. 其他＿＿＿＿＿＿＿＿＿＿＿＿＿＿

12. 您对南繁基地规划建设倾向是（最多选 3 项）

□A. 规划建设一批南繁科技园区　□B. 规划建设南繁种业总部基地

□C. 长租南繁基地　□D. 短租南繁基地

□E. 建设一批重点项目

□F. 其他＿＿＿＿＿＿＿＿＿＿＿＿＿＿

13. 在国家推进“一带一路”战略中，南繁地区应该发挥何种功能

□A. 新品种、新技术展示交流　□B. 国际种业科技创新

□C. 国际种业学术交流

□D. 其他＿＿＿＿＿＿＿＿＿＿＿＿＿＿

二、专业技术支撑服务

14. 如果南繁地区建设公共开放性实验室，贵单位需求是（可多选）

□A. 生物安全检疫　□B. 作物生长环境监测

□C. 生理生态观测　□D. 种质性状与品质检测

□E. 生物技术育种　□F. 组织及细胞培养

□G. 种子及种苗资源保存　□H. 基因特征检测

□I. 转基因安全评价相关检测　　□J. 第三方检验检测认证

□K. 其他______________________

15. 可以从以下哪些方面来加强公益性南繁科技队伍建设，以促进科技创新的持续发展（可多选）

□A. 组建南繁高科技专家人才库　　□B. 提高引进的高科技人才待遇

□C. 科学核定编制，充实人才队伍

□D. 加大对现有科技人才队伍的在职培训力度

□E. 根据国家科研体制改革，组建混合所有制的南繁科研事业单位

□F. 其他______________________

16. 最希望获取的科技咨询服务是（可多选）

□A. 南繁作物区域规划服务　　□B. 南繁气象信息服务

□C. 知识产权服务　　□D. 科技项目申报

□E. 商业信息服务　　□F. 科技金融服务

□G. 资质认定服务　　□H. 管理咨询服务

□I. 其他______________________

17. 更倾向于哪类南繁科技服务（单选）

□A. 以南滨农场基地公司为例，提供的租地与管理服务

□B. 以三亚市南繁科学院为例，提供的综合性科研服务

□C. 以陵水广陵高新公司为例，提供的委托南繁与合作服务

□D. 以中国农科院棉花所南繁基地为例，提供的单一作物专业服务

□E. 独立自建南繁试验站　　□F. 共建南繁试验站

□G. 其他______________________

18. 为推进产学研的融合，南繁科技信息服务平台可以通过以下哪些途径来加强与科研院所和高等院校的沟通（可多选）

□A. 手机微信、短信 □B. 专业网站、专业论坛

□C. 可视电话 □D. 上门咨询

□E. 不定期举办专业知识培训班或学术报告

□F. 扩大服务范围内容 □G. 专家下乡

□H. 其他________________________

19. 南繁在科研方面需加强以下哪些工作以促进产学研的结合（可多选）

□A. 加强南繁科研机构与成果转化网络建设

□B. 举办农业项目招商活动

□C. 举办农业科技引进活动

□D. 创建网站、报刊、专业期刊杂志等科技信息沟通平台

□E. 在南繁活动的高峰期，定期举办学术交流会、展会等资讯交流平台

□F. 做强南繁育制种产业技术创新战略联盟

□G. 其他________________________

20. 南繁在需加强以下哪些工作以促进南繁产业化发展（可多选）

□A. 南繁产业政策研究

□B. 拓宽融资渠道，加速南繁产业化

□C. 建设南繁种业科技孵化器

□D. 培育种业区域性总部

□E. 在农业科技项目土地使用、资金担保等方面的政策倾斜

□F. 以大项目和园区建设带动南繁产业化

□G. 其他________________________

21. 应该从哪些方面来调动南繁科研人员的积极性（可多选）

□A. 公益性的科研院所和高等院校申请的品种权、专利等知识产权，可以作价到企业投资入股，也可以上市公开交易

□B. 加大科研人员在种业科研成果中的权益比例

□C. 建立种业科技成果公开交易平台和托管中心，制定交易管理办法

□D. 鼓励科研院所和高等院校通过兼职、挂职、签订合同等方式与企业开展人才合作

□E. 鼓励育种科研人员创新创业，到企业从事商业化育种工作

□F. 将商业化育种成果及推广面积作为职称评定的重要依据之一

□G. 健全育种研发人员培训机制

□H. 完善种业人才出国培养机制

□I. 支持企业建立院士工作站、博士后科研工作站

□J. 其他________________________

22. 南繁地区在农业科技创新应用方面的工作重点应该是（最多选 3 项）

□A. 编制海南农业科技创新与应用的战略规划

□B. 建立产学研一体化、富有活力的农业科技创新应用体制机制和平台

□C. 设立南繁科技创新发展基金，给予企业科研实验室、人才培养等方面的支持

□D. 成立专项课题进行招标研究，着力破解生产一线的技术瓶颈问题

□E. 加强农民的生产实践和市场化培训，引导农民组成专业合作社

□F. 其他________________________

23. 南繁地区应重点开展以下哪些知识产权服务（最多选 3 项）

□A. 知识产权代理、法律、信息、咨询、培训等服务

□B. 知识产权分析评议、运营实施、评估交易、保护维权、投融资等服务

□C. 成立知识产权服务联盟

□D. 知识产权基础信息资源免费或低成本向社会开放

□E. 建立知识产权信息服务平台

□F. 建立科学完善的知识产权管理制度

□G. 其他________________________

三、科技金融贸易服务

24. 应从以下哪些方面加强南繁技术转移服务（最多选 4 项）

□A. 构筑便捷的在线交流体系　　　　□B. 开展基层科技管理服务

□C. 进一步落实技术转移机构的日常服务

□D. 定期举办技术进出口交易会、高新技术成果交易会等展会

□E. 加强高校、科研院所、产业联盟、工程中心等面向市场开展中试和技术熟化等集成服务

□F. 将高校、科研机构、企业、中介机构等缔结为产学研战略联盟

□G. 其他________________________

25. 在解决技术转移过程中，贵单位认为（最多选 3 项）

□A. 提高技术定价和技术产权交易信息服务能力

□B. 强化知识产权共享与保护服务

□C. 加强技术转移机构的专业化、特色化功能和增值服务能力

□D. 强化产学研合作过程中的技术成果中试熟化服务

□E. 提高高等院校、科研机构的知识产权经营能力

□F. 成果效益分成

□G. 其他________________________

26. 科技成果商业化的需求是（最多选 3 项）

□A. 技术合同网上登记系统、技术合同网上信息发布系统等技术转移信息服务

□B. 技术与知识产权入股

□C. 专利检索、交易、培训等服务

□D. 国际技术转移服务

□E. 加强同有关国际科技组织和国际知名技术转移机构的合作

□F. 其他＿＿＿＿＿＿＿＿＿＿＿＿＿＿

27. 最希望获取的科技金融服务是（最多选 3 项）

□A. 创业企业投资服务　　□B. 企业贷款担保服务

□C. 企业投融资策划服务　　□D. 小额贷款服务

□E. 企业投融资服务　　□F. 无抵押贷款

□G. 私募股权投资　　□H. 大学生自主创业贷款担保

□I. 企业银行贷款担保

□J. 其他＿＿＿＿＿＿＿＿＿＿＿＿＿＿

28. 当前需要的融资方式是（最多选 2 项）

□A. 知识产权质押　　□B. 仓单质押

□C. 信用保险保单质押　　□D. 风险投资

□E. 股权质押　　□F. 商业保理

□G. 其他＿＿＿＿＿＿＿＿＿＿＿＿＿＿

四、企业与产业孵化服务

29. 亟需的创业孵化服务是（最多选 3 项）

□A. 创业公共场所和初创企业基本办公条件及资料阅读、期刊服务

□B. 创业讲座、论坛、沙龙创业大讲堂、创业辅导员服务体系等创业指导及教育培训服务

□C. 创业成果转化、创业项目及产品推介、创业项目需求及成果转化服务

□D. 项目咨询与实施、行业背景研究、项目投资分析、登记注册、市场

策划、专利、工商、法律、会计、审计、评估、产权、企业管理、战略设计等综合性服务

□E. 定期举办创新创业大赛　□F. 财务管理服务

□G. 引导企业、社会资本参与投资建设孵化器，促进天使投资与创业孵化紧密结合

□H. 其他________________

30. 为进一步做好科技企业孵化器的创新服务工作，应重点开展（最多选3项）

□A. 科技型企业创业孵化服务　□B. 知识产权展示和交易

□C. 产学研合作服务　□D. 大学生科技创业服务

□E. 国际合作服务　□F. 中小企业投融资服务

□G. 创新若干科技孵化器

□H. 其他________________

31. 南繁科技企业孵化器提供的主要服务项目应该重点突出（最多选4项）

□A. 房屋租赁、工商注册、代理年检、科技政策咨询、信息交流等基础服务

□B. 项目申报、项目对策、成果鉴定、项目评估等科技服务

□C. 科技基金、贷款融资、风险投资、天使投资等投融资服务

□D. 人力资源、市场推广、财会审计、法律事务、管理咨询、专利服务、产品推广等中介服务

□E. 创业培训、就业培训、入园培训、管理培训等培训服务

□F. 组织企业间的联谊活动，交流企业发展经验，开展业务合作

□G. 负责落实孵化企业财政扶持政策和留学人员回国创业优惠政策

□H. 协助企业在高新技术开发区或本市工业园区内征地建厂

□I. 其他＿＿＿＿＿＿＿＿＿＿＿＿

32. 南繁产业发展突出的制约因素（最多选 4 项）

□A. 国家财经政策　　□B. 地方财经政策

□C. 金融与产业资本　　□D. 技术与成果转让瓶颈

□E. 土地政策　　□F. 南繁单位根植地方的动力

□G. 南繁种业发展政策　　□H. 人才

□I. 市场潜力　　□J. 南繁与地方结合弱

□K. 其他＿＿＿＿＿＿＿＿＿＿＿＿

33. 南繁产业发展突出的驱动力量（最多选 4 项）

□A. 国家划定南繁保护区　　□B. 海南自然资源禀赋

□C. 南繁汇集国内种业最新成果　　□D. 南繁聚集国内顶尖人才

□E. 南繁发挥农业创新和科技聚集作用

□F. 南繁发挥农业成果扩散作用　　□G. 南繁历史发展惯性

□H. 其他＿＿＿＿＿＿＿＿＿＿＿＿

34 南繁产业的发展重点（最多选 4 项）

□A. 种业总部经济　□B. 南繁现代服务业　□C. 国家种苗进出口总部

□D. 制种产业　　□E. 种子和种子期货交易

□F. 国家农业体制创新先行试验区　　□G. 种业科技创新中心

□H. 其他＿＿＿＿＿＿＿＿＿＿＿＿

五、南繁产业化发展与布局专家打分表与打分说明

您对 SWOT（优劣势分析法）的熟悉程度：□A. 熟悉 SWOT □B. 不熟悉 SWOT

您对 AHP（层次分析法）的熟悉程度：□A. 熟悉 AHP □B. 不熟悉 AHP

打分目的：基于 SWOT 分析，对南繁产业进行层次分析法（AHP）。

打分原则：专家根据自己的经验和自身对南繁以及整个行业的看法，对目前海南国家南繁事业内外部环境进行综合考量，并对每一组的元素之间进行比较赋值。

打分说明：

（1）对优势（S）、劣势（W）的分析侧重于南繁和海南本身，对机遇（O）、挑战（T）的分析侧重于南繁和海南外部的影响因素。

（2）对“S优势和O机遇”而言，9分表示最重大的优势和机遇；对“W劣势和T挑战”而言，9分表示产业发展中最重大的劣势和威胁。

（3）对表2的阴影部分，进行分组赋值。

将“涉农公司企业”等20个元素分成“人和X轴区、地利Y轴区、天时Z轴区”等3个区域，同时根据“优势、劣势、机遇、挑战”分组要求分成4组，从而形成3×4=12个小组。

先按S、W、O、T等4个组纵向分析这20个元素，再横向分析这20个元素，最后根据纵向和横向分析的结果对这12个组的元素进行综合赋值。取值范围1~9。

（4）对表2的S、W、O、T大组进行赋值

SWOT组：见表2的表头部分：经过以上综合分析，根据“优势、劣势、机遇、挑战”4大组总体情况对南繁产业影响，对“S优势、W劣势、O机遇、T挑战”等4个大组总体情况进行对比和赋值，取值范围1~9。

（5）对表2的X、Y、Z维度大组进行赋值

XYZ维度组：见表左侧。经过以上综合分析，根据“X人和、Y地利、Z天时”3类总体情况对当前南繁产业的重要性进行对比和赋值，取

值范围1~9。

表1　1–9标度含义（元素间对比赋值含义）

重要性标度	赋值含义
1	两个元素相比，具有相同的重要性
3	两个元素相比，前一元素比后一元素略重要
5	两个元素相比，前一元素比后一元素重要
7	两个元素相比，前一元素比后一元素重要得多
9	两个元素相比，前一元素比后一元素极其重要
2，4，6，8	重要性介于1、3、5、7、9之间

表2　赋值打分表

SWOT 维度	元素	S优势（组）打分（1~9）=	W劣势（组）打分（1~9）=	O机遇（组）打分（1~9）=	T挑战（组）打分（1~9）=
人和（X轴区）打分（1~9）=	1. 涉农公司企业	Sx1 打分 =	Wx1 打分 =	Ox1 打分 =	Tx1 打分 =
	2. 研究开发机构	Sx2 打分 =	Wx2 打分 =	Ox2 打分 =	Tx2 打分 =
	3. 经营管理人才	Sx3 打分 =	Wx3 打分 =	Ox3 打分 =	Tx3 打分 =
	4. 专业与技能人才	Sx4 打分 =	Wx4 打分 =	Ox4 打分 =	Tx4 打分 =
	5. 关联支持机构	Sx5 打分 =	Wx5 打分 =	Ox5 打分 =	Tx5 打分 =
	6. 南繁根植地方性	Sx6 打分 =	Wx6 打分 =	Ox6 打分 =	Tx6 打分 =
	7. 南繁系统稳定性	Sx7 打分 =	Wx7 打分 =	Ox7 打分 =	Tx7 打分 =
地利（Y轴区）打分（1~9）=	8. 自然禀赋	Sy1 打分 =	Wy1 打分 =	Oy1 打分 =	Ty1 打分 =
	9. 区位地理条件	Sy2 打分 =	Wy2 打分 =	Oy2 打分 =	Ty2 打分 =
	10. 地方经济发展能力	Sy3 打分 =	Wy3 打分 =	Oy3 打分 =	Ty3 打分 =
	11. 地方产业结构	Sy4 打分 =	Wy4 打分 =	Oy4 打分 =	Ty4 打分 =
	12. 产业配套支撑	Sy5 打分 =	Wy5 打分 =	Oy5 打分 =	Ty5 打分 =
	13. 地方政策法规	Sy6 打分 =	Wy6 打分 =	Oy6 打分 =	Ty6 打分 =
	14. 社会文化环境	Sy7 打分 =	Wy7 打分 =	Oy7 打分 =	Ty7 打分 =

（续表）

SWOT 维度	元素	S 优势（组）打分（1～9）=	W 劣势（组）打分（1～9）=	O 机遇（组）打分（1～9）=	T 挑战（组）打分（1～9）=
天时（Z 轴区）打分（1～9）=	15. 国家政策法规	Sz1 打分 =	Wz1 打分 =	Oz1 打分 =	Tz1 打分 =
	16. 金融与产业资本	Sz2 打分 =	Wz2 打分 =	Oz2 打分 =	Tz2 打分 =
	17. 产业发展态势	Sz3 打分 =	Wz3 打分 =	Oz3 打分 =	Tz3 打分 =
	18. 种业国际贸易	Sz4 打分 =	Wz4 打分 =	Oz4 打分 =	Tz4 打分 =
	19. 外资企业响应	Sz5 打分 =	Wz5 打分 =	Oz5 打分 =	Tz5 打分 =
	20. 南繁省份响应	Sz6 打分 =	Wz6 打分 =	Oz6 打分 =	T65 打分 =

部分参与调研单位名单

浙江大学

华中农业大学

西北农林科技大学

南京农业大学

沈阳农业大学

中国热带农业科学院

中国农业科学院作物科学研究所

中国农业科学院植物保护研究所

中国水稻研究所

中国动物疫病预防控制中心

吉林省农业科学院

湖北省农业科学院

四川省农业科学院

广东省农业科学院

重庆市农业科学院

江西省农业科学院

辽宁省农业科学院

广西省农业科学院

上海市农业科学院

山东省农业科学院

湖南省农业科学院

南繁科技服务模式研究

北京市农林科学院

云南省农业科学院

陕西省种子管理站

天津种子站

神农大丰

合肥丰乐种业股份有限公司

河南秋乐种业科技股份有限公司

山东圣丰种业科技有限公司

海南广陵高科实业有限公司

华智水稻生物技术有限公司

天津天隆种业科技有限公司

海南省南繁管理局

（排名不分先后）

关于加大改革创新力度加快农业现代化建设的若干意见

2015 年中央 1 号文件（2015 年 2 月 1 日发布）

2014 年，各地区各部门认真贯彻落实党中央、国务院决策部署，加大深化农村改革力度，粮食产量实现“十一连增”，农民收入继续较快增长，农村公共事业持续发展，农村社会和谐稳定，为稳增长、调结构、促改革、惠民生作出了突出贡献。

当前，我国经济发展进入新常态，正从高速增长转向中高速增长，如何在经济增速放缓背景下继续强化农业基础地位、促进农民持续增收，是必须破解的一个重大课题。国内农业生产成本快速攀升，大宗农产品价格普遍高于国际市场，如何在“双重挤压”下创新农业支持保护政策、提高农业竞争力，是必须面对的一个重大考验。我国农业资源短缺，开发过度、污染加重，如何在资源环境硬约束下保障农产品有效供给和质量安全、提升农业可持续发展能力，是必须应对的一个重大挑战。城乡资源要素流动加速，城乡互动联系增强，如何在城镇化深入发展背景下加快新农村建设步伐、实现城乡共同繁荣，是必须解决好的一个重大问题。破解这些难题，是今后一个时期“三农”工作的重大任务。必须始终坚持把解决好“三农”问题作为全党工作的重中之重，靠改革添动力，以法治作保障，加快推进中国特色农业现代化。

2015 年，农业农村工作要全面贯彻落实党的十八大和十八届三中、四中全会精神，以邓小平理论、“三个代表”重要思想、科学发展观为指导，深入贯彻习近平总书记系列重要讲话精神，主动适应经济发展新常态，按照稳粮增收、提质增效、创新驱动的总要求，继续全面深化农村改革，全面推进农村法治建设，推动新型工业化、信息化、城镇化和农业现代化同步发展，努力在提高粮食生产能力上挖掘新潜力，在优化农业结构上开辟新途径，在转变农业发展方式上寻求新突破，在促进农民增收上获得新成效，在建设新农村上迈出新步伐，为经济社会持续健康发展提供有力支撑。

一、围绕建设现代农业，加快转变农业发展方式

中国要强，农业必须强。做强农业，必须尽快从主要追求产量和依赖资源消耗的粗放经营转到数量质量效益并重、注重提高竞争力、注重农业科技创新、注重可持续的集约发展上来，走产出高效、产品安全、资源节约、环境友好的现代农业发展道路。

1. 不断增强粮食生产能力。进一步完善和落实粮食省长负责制。强化对粮食主产省和主产县的政策倾斜，保障产粮大县重农抓粮得实惠、有发展。粮食主销区要切实承担起自身的粮食生产责任。全面开展永久基本农田划定工作。统筹实施全国高标准农田建设总体规划。实施耕地质量保护与提升行动。全面推进建设占用耕地剥离耕作层土壤再利用。探索建立粮食生产功能区，将口粮生产能力落实到田块地头、保障措施落实到具体项目。创新投融资机制，加大资金投入，集中力量加快建设一批重大引调水工程、重点水源工程、江河湖泊治理骨干工程，节水供水重大水利工程建设的征地补偿、耕地占补平衡实行与铁路等国家重大基础设施项目同等政策。加快大中型灌区续建配套与节水改造，加快推进现代灌区建设，加强小型农田水利基础设施建设。实施粮食丰产科技工程和盐碱地改造科技

示范。深入推进粮食高产创建和绿色增产模式攻关。实施植物保护建设工程，开展农作物病虫害专业化统防统治。

2. 深入推进农业结构调整。科学确定主要农产品自给水平，合理安排农业产业发展优先序。启动实施油料、糖料、天然橡胶生产能力建设规划。加快发展草牧业，支持青贮玉米和苜蓿等饲草料种植，开展粮改饲和种养结合模式试点，促进粮食、经济作物、饲草料三元种植结构协调发展。立足各地资源优势，大力培育特色农业。推进农业综合开发布局调整。支持粮食主产区发展畜牧业和粮食加工业，继续实施农产品产地初加工补助政策，发展农产品精深加工。继续开展园艺作物标准园创建，实施园艺产品提质增效工程。加大对生猪、奶牛、肉牛、肉羊标准化规模养殖场（小区）建设支持力度，实施畜禽良种工程，加快推进规模化、集约化、标准化畜禽养殖，增强畜牧业竞争力。完善动物疫病防控政策。推进水产健康养殖，加大标准池塘改造力度，继续支持远洋渔船更新改造，加强渔政渔港等渔业基础设施建设。

3. 提升农产品质量和食品安全水平。加强县乡农产品质量和食品安全监管能力建设。严格农业投入品管理，大力推进农业标准化生产。落实重要农产品生产基地、批发市场质量安全检验检测费用补助政策。建立全程可追溯、互联共享的农产品质量和食品安全信息平台。开展农产品质量安全县、食品安全城市创建活动。大力发展名特优新农产品，培育知名品牌。健全食品安全监管综合协调制度，强化地方政府法定职责。加大防范外来有害生物力度，保护农林业生产安全。落实生产经营者主体责任，严惩各类食品安全违法犯罪行为，提高群众安全感和满意度。

4. 强化农业科技创新驱动作用。健全农业科技创新激励机制，完善科研院所、高校科研人员与企业人才流动和兼职制度，推进科研成果使用、处置、收益管理和科技人员股权激励改革试点，激发科技人员创新创业的积极性。建立优化整合农业科技规划、计划和科技资源协调机制，完善国家重大科研基础设施和大型科研仪器向社会开放机制。加强对企业开展农业科技研发的引导扶持，使企业成为技术创新和应用的主体。加快农业科技创新，在生物育种、智能农业、农机装备、生态环保等领域取得重大突破。建立农业科技协同创新联盟，依托国家农业科技园区搭建农业科技融资、信息、品牌服务平台。探索建立农业科技成果交易中心。充分发挥科研院所、高校及其新农村发展研究院、职业院校、科技特派员队伍在科研成果转化中的作用。积极推进种业科研成果权益分配改革试点，完善成果完成人分享制度。继续实施种子工程，推进海南、甘肃、四川三大国家级育种制种基地建设。加强农业转基因生物技术研究、安全管理、科学普及。支持农机、化肥、农药企业技术创新。

5. 创新农产品流通方式。加快全国农产品市场体系转型升级，着力加强设施建设和配套服务，健全交易制度。完善全国农产品流通骨干网络，加大重要农产品仓储物流设施建设力度。加快千亿斤粮食新建仓容建设进度，尽快形成中央和地方职责分工明确的粮食收储机制，提高粮食收储保障能力。继续实施农户科学储粮工程。加强农产品产地市场建设，加快构建跨区域冷链物流体系，继续开展公益性农产品批发市场建设试点。推进合作社与超市、学校、企业、社区对接。清理整顿农产品运销乱收费问题。发展农产品期货交易，开发农产品期货交易新品种。支持电商、物流、商贸、金融等企业参与涉农电子商务平台建设。开展电子商务进农村综合示范。

6. 加强农业生态治理。实施农业环境突出问题治理总体规划和农业可持续发展规划。加强农业面源污染治理，深入开展测土配方施肥，大力推广生物有机肥、低毒低残留农药，开展秸秆、畜禽粪便资源化利用和农田残膜回收区域性示范，按规定享受相关财税政策。落实畜禽规模养殖环境影响评价制度，大力推动农业循环经济发展。继续实行草原生态保护补助奖励政策，开展西北旱区农牧业可持续发展、农牧交错带已垦草原治理、东北黑土地保护试点。加大水生生物资源增殖保护力度。建立健全规划和建设项目水资源论证制度、国家水资源督察制度。大力推广节水技术，全面实施区域规模化高效节水灌溉行动。加大水污染防治和水生态保护力度。实施新一轮退耕还林还草工程，扩大重金属污染耕地修复、地下水超采区综合治理、退耕还湿试点范围，推进重要水源地生态清洁小流域等水土保持重点工程建设。大力推进重大林业生态工程，加强营造林工程建设，发展林产业和特色经济林。推进京津冀、丝绸之路经济带、长江经济带生态保护与修复。摸清底数、搞好规划、增加投入，保护好全国的天然林。提高天然林资源保护工程补助和森林生态效益补偿标准。继续扩大停止天然林商业性采伐试点。实施湿地生态效益补偿、湿地保护奖励试点和沙化土地封禁保护区补贴政策。加快实施退牧还草、牧区防灾减灾、南方草地开发利用等工程。建立健全农业生态环境保护责任制，加强问责监管，依法依规严肃查处各种破坏生态环境的行为。

7. 提高统筹利用国际国内两个市场两种资源的能力。加强农产品进出口调控，积极支持优势农产品出口，把握好农产品进口规模、节奏。完善粮食、棉花、食糖等重要农产品进出口和关税配额管理，严格执行棉花滑准税政策。严厉打击农产品走私行为。完善边民互市贸易政策。支持农产品贸易做强，加快培育具有国际竞争力的农业企业集团。健全农业对外合作部际联席会议制度，抓紧制定农业对外合作规划。创新农业对外合作模式，重点加强农产品加工、储运、贸易等环节合作，支持开展境外农业合作开发，推进科技示范园区建设，开展技术培训、科研成果示范、品牌推广等服务。完善支持农业对外合作的投资、财税、金融、保险、贸易、通关、检验检疫等政策，落实到境外从事农业生产所需农用设备和农业投入品出境的扶持政策。充分发挥各类商会组织的信息服务、法律咨询、纠纷仲裁等作用。

二、围绕促进农民增收，加大惠农政策力度

中国要富，农民必须富。富裕农民，必须充分挖掘农业内部增收潜力，开发农村二三产业增收空间，拓宽农村外部增收渠道，加大政策助农增收力度，努力在经济发展新常态下保持城乡居民收入差距持续缩小的势头。

1. 优先保证农业农村投入。增加农民收入，必须明确政府对改善农业农村发展条件的责任。坚持把农业农村作为各级财政支出的优先保障领域，加快建立投入稳定增长机制，持续增加财政农业农村支出，中央基建投资继续向农业农村倾斜。优化财政支农支出结构，重点支持农民增收、农村重大改革、农业基础设施建设、农业结构调整、农业可持续发展、农村民生改善。转换投入方式，创新涉农资金运行机制，充分发挥财政资金的引导和杠杆作用。改革涉农转移支付制度，下放审批权限，有效整合财政农业农村投入。切实加强涉农资金监管，建立规范透明的管理制度，杜绝任何形式的挤占挪用、层层截留、虚报冒领，确保资金使用见到实效。

2. 提高农业补贴政策效能。增加农民收入，必须健全国家对农业的支持保护体系。保持农业补贴政策连续性和稳定性，逐步扩大“绿箱”支持政策实施规模和范围，调整改进“黄箱”支持政策，充分发挥政策

惠农增收效应。继续实施种粮农民直接补贴、良种补贴、农机具购置补贴、农资综合补贴等政策。选择部分地方开展改革试点，提高补贴的导向性和效能。完善农机具购置补贴政策，向主产区和新型农业经营主体倾斜，扩大节水灌溉设备购置补贴范围。实施农业生产重大技术措施推广补助政策。实施粮油生产大县、粮食作物制种大县、生猪调出大县、牛羊养殖大县财政奖励补助政策。扩大现代农业示范区奖补范围。健全粮食主产区利益补偿、耕地保护补偿、生态补偿制度。

3. 完善农产品价格形成机制。增加农民收入，必须保持农产品价格合理水平。继续执行稻谷、小麦最低收购价政策，完善重要农产品临时收储政策。总结新疆棉花、东北和内蒙古大豆目标价格改革试点经验，完善补贴方式，降低操作成本，确保补贴资金及时足额兑现到农户。积极开展农产品价格保险试点。合理确定粮食、棉花、食糖、肉类等重要农产品储备规模。完善国家粮食储备吞吐调节机制，加强储备粮监管。落实新增地方粮食储备规模计划，建立重要商品商贸企业代储制度，完善制糖企业代储制度。运用现代信息技术，完善种植面积和产量统计调查，改进成本和价格监测办法。

4. 强化农业社会化服务。增加农民收入，必须完善农业服务体系，帮助农民降成本、控风险。抓好农业生产全程社会化服务机制创新试点，重点支持为农户提供代耕代收、统防统治、烘干储藏等服务。稳定和加强基层农技推广等公益性取务机构，健全经费保障和激励机制，改善基层农技推广人员工作和生活条件。发挥农村专业技术协会在农技推广中的作用。采取购买服务等方式，鼓励和引导社会力量参与公益性服务。加大中央、省级财政对主要粮食作物保险的保费补贴力度。将主要粮食作物制种保险纳入中央财政保费补贴目录。中央对政补贴险种的保险金领应覆盖直接物化成本。加快研究出台对地方特色优势农产品保险的中央财政以奖代补政策。扩大森林保险范围。支持邮政系统更好服务“三农”。创新气象为农服务机制，推动融入农业社会化服务体系。

5. 推进农村一二三产业融合发展。增加农民收入，必须延长农业产业链、提高农业附加值。立足资源优势，以市场需求为导向，大力发展特色种养业、农产品加工业、农村服务业，扶持发展一村一品、一乡（县）一业，壮大县域经济，带动农民就业致富。积极开发农业多种功能，挖掘乡村生态休闲、旅游观光、文化教育价值。扶持建设一批具有历史、地域、民族特点的特色景观旅游村镇，打造形式多样、特色鲜明的乡村旅游休闲产品。加大对乡村旅游休闲基础设施建设的投入，增强线上线下营销能力，提高管理水平和服务质量。研究制定促进乡村旅游休闲发展的用地、财政、金融等扶持政策，落实税收优惠政策。激活农村要素资源，增加农民财产性收入。

6. 拓宽农村外部增收渠道。增加农民收入，必须促进农民转移就业和创业。实施农民工职业技能提升计划。落实同工同酬政策，依法保障农民工劳动报酬权益，建立农民工工资正常支付的长效机制。保障进城农民工及其随迁家属平等享受城镇基本公共服务，扩大城镇社会保险对农民工的覆盖面，开展好农民工职业病防治和帮扶行动，完善随迁子女在当地接受义务教育和参加中高考相关政策，探索农民工享受城镇保障性住房的具体办法。加快户籍制度改革，建立居住证制度，分类推进农业转移人口在城镇落户并享有与当地居民同等待遇。现阶段，不得将农民进城落户与退出土地承包经营权、宅基地使用权、集体收益分配权相挂钩。引导有技能、资金和管理经验的农民工返乡创业，落实定向减税和普遍性降费政策，降低创业成本和企业负担。优化中西部中小城市、小城镇产业发展环境，为农民就地就近转移就业创造条件。

7. 大力推进农村扶贫开发。增加农民收入，必须加快农村贫困人口脱贫致富步伐。以集中连片特困地区为重点，加大投入和工作力度，加快片区规划实施，打好扶贫开发攻坚战。推进精准扶贫，制定并落实建档立卡的贫困村和贫困户帮扶措施。加强集中连片特困地区基础设施建设、生态保护和基本公共服务，加大用地政策支持力度，实施整村推进、移民搬迁、乡村旅游扶贫等工程。扶贫项目审批权原则上要下放到县，省市切实履行监管责任。建立公告公示制度，全面公开扶贫对象、资金安排、项目建设等情况。健全社会扶贫组织动员机制，搭建社会参与扶贫开发平台。完善干部驻村帮扶制度。加强贫困监测，建立健全贫困县考核、约束、退出等机制。经济发达地区要不断提高扶贫开发水平。

三、围绕城乡发展一体化，深入推进新农村建设

中国要美，农村必须美。繁荣农村，必须坚持不懈推进社会主义新农村建设。要强化规划引领作用，加快提升农村基础设施水平，推进城乡基本公共服务均等化，让农村成为农民安居乐业的美丽家园。

1. 加大农村基础设施建设力度。确保如期完成“十二五”农村饮水安全工程规划任务，推动农村饮水提质增效，继续执行税收优惠政策。推进城镇供水管网向农村延伸。继续实施农村电网改造升级工程。因地制宜采取电网延伸和光伏、风电、小水电等供电方式，2015 年解决无电人口用电问题。加快推进西部地区和集中连片特困地区农村公路建设。强化农村公路养护管理的资金投入和机制创新，切实加强农村客运和农村校车安全管理。完善农村沼气建管机制。加大农村危房改造力度，统筹搞好农房

抗震改造。深入推进农村广播电视、通信等村村通工程，加快农村信息基础设施建设和宽带普及，推进信息进村入户。

2. 提升农村公共服务水平。全面改善农村义务教育薄弱学校基本办学条件，提高农村学校教学质量。因地制宜保留并办好村小学和教学点。支持乡村两级公办和普惠性民办幼儿园建设。加快发展高中阶段教育，以未能继续升学的初中、高中毕业生为重点，推进中等职业教育和职业技能培训全覆盖，逐步实现免费中等职业教育。积极发展农业职业教育，大力培养新型职业农民。全面推进基础教育数字教育资源开发与应用，扩大农村地区优质教育资源覆盖面。提高重点高校招收农村学生比例。加强乡村教师队伍建设，落实好集中连片特困地区乡村教师生活补助政策。国家教育经费要向边疆地区、民族地区、革命老区倾斜。建立新型农村合作医疗可持续筹资机制，同步提高人均财政补助和个人缴费标准，进一步提高实际报销水平。全面开展城乡居民大病保险，加强农村基层基本医疗、公共卫生能力和乡村医生队伍建设。推进各级定点医疗机构与省内新型农村合作医疗信息系统的互联互通，积极发展惠及农村的远程会诊系统。拓展重大文化惠民项目服务“三农”内容。加强农村最低生活保障制度规范管理，全面建立临时救助制度，改进农村社会救助工作。落实统一的城乡居民基本养老保险制度。支持建设多种农村养老服务和文化体育设施。整合利用现有设施场地和资源，构建农村基层综合公共服务平台。

3. 全面推进农村人居环境整治。完善县域村镇体系规划和村庄规划，强化规划的科学性和约束力。改善农民居住条件，搞好农村公共服务设施配套，推进山水林田路综合治理。继续支持农村环境集中连片整治，加快推进农村河塘综合整治，开展农村垃圾专项整治，加大农村污水处理和改厕力度，加快改善村庄卫生状况。加强农村周边工业“三废”排放和城市生活垃圾堆放监管治理。完善村级公益事业一事一议财政奖补机制，扩大农村公共服务运行维护机制试点范围，重点支持村内公益事业建设与管护。完善传统村落名录和开展传统民居调查，落实传统村落和民居保护规划。鼓励各地从实际出发开展美丽乡村创建示范。有序推进村庄整治，切实防止违背农民意愿大规模撤并村庄、大拆大建。

4. 引导和鼓励社会资本投向农村建设。鼓励社会资本投向农村基础设施建设和在农村兴办各类事业。对于政府主导、财政支持的农村公益性工程和项目，可采取购买服务、政府与社会资本合作等方式，引导企业和社会组织参与建设、管护和运营。对于能够商业化运营的农村服务业，向社会资本全面开放。制定鼓励社会资本参与农村建设目录，研究制定财税、金融等支持政策。探索建立乡镇政府职能转移目录，将适合社会兴办的公共服务交由社会组织承担。

5. 加强农村思想道德建设。针对农村特点，围绕培育和践行社会主义核心价值观，深入开展中国特色社会主义和中国梦宣传教育，广泛开展形势政策宣传教育，提高农民综合素质，提升农村社会文明程度，凝聚起建设社会主义新农村的强大精神力量。深入推进农村精神文明创建活动，扎实开展好家风好家训活动，继续开展好媳妇、好儿女、好公婆等评选表彰活动，开展寻找最美乡村教师、医生、村官等活动，凝聚起向上、崇善、爱美的强大正能量。倡导文艺工作者深入农村，创作富有乡土气息、讴歌农村时代变迁的优秀文艺作品，提供健康有益、喜闻乐见的文化服务。创新乡贤文化，弘扬善行义举，以乡情乡愁为纽带吸引和凝聚各方人士支持家乡建设，传承乡村文明。

6. 切实加强农村基层党建工作。认真贯彻落实党要管党、从严治党的要求，加强以党组织为核心的农村基层组织建设，充分发挥农村基层党组织的战斗堡垒作用，深入整顿软弱涣散基层党组织，不断夯实党在农村基层执政的组织基础。创新和完善农村基层党组织设置，扩大组织覆盖和工作覆盖。加强乡村两级党组织班子建设，进一步选好管好用好带头人。严肃农村基层党内政治生活，加强党员日常教育管理，发挥党员先锋模范作用。严肃处理违反党规党纪的行为，坚决查处发生在农民身边的不正之风和腐败问题。以农村基层服务型党组织建设为抓手，强化县乡村三级便民服务网络建设，多为群众办实事、办好事，通过服务贴近群众、团结群众、引导群众、赢得群众。严格落实党建工作责任制，全面开展市县乡党委书记抓基层党建工作述职评议考核。

四、围绕增添农村发展活力，全面深化农村改革

全面深化改革，必须把农村改革放在突出位置。要按照中央总体部署，完善顶层设计，抓好试点试验，不断总结深化，加强督查落实，确保改有所进、改有所成，进一步激发农村经济社会发展活力。

1. 加快构建新型农业经营体系。坚持和完善农村基本经营制度，坚持农民家庭经营主体地位，引导土地经营权规范有序流转，创新土地流转和规模经营方式，积极发展多种形式适度规模经营，提高农民组织化程度。鼓励发展规模适度的农户家庭农场，完善对粮食生产规模经营主体的支持服务体系。引导农民专业合作社拓宽服务领域，促进规范发展，实行年度报告公示制度，深入推进示范社创建行动。推进农业产业化示范基地建设和龙头企业转型升级。引导农民以土地经营权入股合作社和龙头企业。鼓励工商资本发展适合企业化经营的现代种养业、农产品加工流通和农业社会化服务。土地经营权流转要尊重农民意愿，不得硬性下指标、强

制推动。尽快制定工商资本租赁农地的准入和监管办法，严禁擅自改变农业用途。

2. 推进农村集体产权制度改革。探索农村集体所有制有效实现形式，创新农村集体经济运行机制。出台稳步推进农村集体产权制度改革的意见。对土地等资源性资产，重点是抓紧抓实土地承包经营权确权登记颁证工作，扩大整省推进试点范围，总体上要确地到户，从严掌握确权确股不确地的范围。对非经营性资产，重点是探索有利于提高公共服务能力的集体统一运营管理有效机制。对经营性资产，重点是明晰产权归属，将资产折股量化到本集体经济组织成员，发展多种形式的股份合作。开展赋予农民对集体资产股份权能改革试点，试点过程中要防止侵蚀农民利益，试点各项工作应严格限制在本集体经济组织内部。健全农村集体“三资”管理监督和收益分配制度。充分发挥县乡农村土地承包经营权、林权流转服务平台作用，引导农村产权流转交易市场健康发展。完善有利于推进农村集体产权制度改革的税费政策。

3. 稳步推进农村土地制度改革试点。在确保土地公有制性质不改变、耕地红线不突破、农民利益不受损的前提下，按照中央统一部署，审慎稳妥推进农村土地制度改革。分类实施农村土地征收、集体经营性建设用地入市、宅基地制度改革试点。制定缩小征地范围的办法。建立兼顾国家、集体、个人的土地增值收益分配机制，合理提高个人收益。完善对被征地农民合理、规范、多元保障机制。赋予符合规划和用途管制的农村集体经营性建设用地出让、租赁、入股权能，建立健全市场交易规则和服务监管机制。依法保障农民宅基地权益，改革农民住宅用地取得方式，探索农民住房保障的新机制。加强对试点工作的指导监督，切实做到封闭运行、风险可控，边试点、边总结、边完善，形成可复制、可推广的改革成果。

4. 推进农村金融体制改革。要主动适应农村实际、农业特点、农民需求，不断深化农村金融改革创新。综合运用财政税收、货币信贷、金融监管等政策措施，推动金融资源继续向“三农”倾斜，确保农业信贷总量持续增加、涉农贷款比例不降低。完善涉农贷款统计制度，优化涉农贷款结构。延续并完善支持农村金融发展的有关税收政策。开展信贷资产质押再贷款试点，提供更优惠的支农再贷款利率。鼓励各类商业银行创新“三农”金融服务。农业银行三农金融事业部改革试点覆盖全部县域支行。农业发展银行要在强化政策性功能定位的同时，加大对水利、贫困地区公路等农业农村基础设施建设的贷款力度，审慎发展自营性业务。国家开发银行要创新服务“三农”融资模式，进一步加大对农业农村建设的中长期信贷投放。提高农村信用社资本实力和治理水平，牢牢坚持立足县域、服务“三农”的定位。鼓励邮政储蓄银行拓展农村金融业务。提高村镇银行在农村的覆盖面。积极探索新型农村合作金融发展的有效途径，稳妥开展农民合作社内部资金互助试点，落实地方政府监管责任。做好承包土地的经营权和农民住房财产权抵押担保贷款试点工作。鼓励开展“三农”融资担保业务，大力发展政府支持的“三农”融资担保和再担保机构，完善银担合作机制。支持银行业金融机构发行“三农”专项金融债，鼓励符合条件的涉农企业发行债券。开展大型农机具融资租赁试点。完善对新型农业经营主体的金融服务。强化农村普惠金融。继续加大小额担保财政贴息贷款等对农村妇女的支持力度。

5. 深化水利和林业改革。建立健全水权制度，开展水权确权登记试点，探索多种形式的水权流转方式。推进农业水价综合改革，积极推广水价改革和水权交易的成功经验，建立农业灌溉用水总量控制和定额管理制度，加强农业用水计量，合理调整农业水价，建立精准补贴机制。吸引社会资本参与水利工程建设和运营。鼓励发展农民用水合作组织，扶持其成为小型农田水利工程建设和管护主体。积极发展农村水利工程专业化管理。建立健全最严格的林地、湿地保护制度。深化集体林权制度改革。稳步推进国有林场改革和国有林区改革，明确生态公益功能定位，加强森林资源保护培育。建立国家用材林储备制度。积极发展符合林业特点的多种融资业务，吸引社会资本参与碳汇林业建设。

6. 加快供销合作社和农垦改革发展。全面深化供销合作社综合改革，坚持为农服务方向，着力推进基层社改造，创新联合社治理机制，拓展为农服务领域，把供销合作社打造成全国性为“三农”提供综合服务的骨干力量。抓紧制定供销合作社条例。加快研究出台推进农垦改革发展的政策措施，深化农场企业化、垦区集团化、股权多元化改革，创新行业指导管理体制、企业市场化经营体制、农场经营管理体制。明晰农垦国有资产权属关系，建立符合农垦特点的国有资产监管体制。进一步推进农垦办社会职能改革。发挥农垦独特优势，积极培育规模化农业经营主体，把农垦建成重要农产品生产基地和现代农业的示范带动力量。

7. 创新和完善乡村治理机制。在有实际需要的地方，扩大以村民小组为基本单元的村民自治试点，继续搞好以社区为基本单元的村民自治试点，探索符合各地实际的村民自治有效实现形式。进一步规范村“两委”职责和村务决策管理程序，完善村务监督委员会的制度设计，健全村民对村务实行有效监督的机制，加强对村干部行使权力的监督制约，确保监督务实管用。激发农村社会组织活力，重点培育和优先发展农村专业协会类、公益慈善类、社区服务类等社会组织。构建农村立体化社会治安防控体系，开展突出治安问题专项整治，推进平安乡镇、平安村庄建设。

五、围绕做好“三农”工作，加强农村法治建设

农村是法治建设相对薄弱的领域，必须加快完善农业农村法律体系，同步推进城乡法治建设，善于运用法治思维和法治方式做好“三农”工作。同时要从农村实际出发，善于发挥乡规民约的积极作用，把法治建设和道德建设紧密结合起来。

1. 健全农村产权保护法律制度。完善相关法律法规，加强对农村集体资产所有权、农户土地承包经营权和农民财产权的保护。抓紧修改农村土地承包方面的法律，明确现有土地承包关系保持稳定并长久不变的具体实现形式，界定农村土地集体所有权、农户承包权、土地经营权之间的权利关系，保障好农村妇女的土地承包权益。统筹推进与农村土地有关的法律法规制定和修改工作。抓紧研究起草农村集体经济组织条例。加强农业知识产权法律保护。

2. 健全农业市场规范运行法律制度。健全农产品市场流通法律制度，规范市场秩序，促进公平交易，营造农产品流通法治化环境。完善农产品市场调控制度，适时启动相关立法工作。完善农产品质量和食品安全法律法规，加强产地环境保护，规范农业投入品管理和生产经营行为。逐步完善覆盖农村各类生产经营主体方面的法律法规，适时修改农民专业合作社法。

3. 健全“三农”支持保护法律制度。研究制定规范各级政府“三农”事权的法律法规，明确规定中央和地方政府促进农业农村发展的支出责任。健全农业资源环境法律法规，依法推进耕地、水资源、森林草原、湿地滩涂等自然资源的开发保护，制定完善生态补偿和土壤、水、大

气等污染防治法律法规。积极推动农村金融立法，明确政策性和商业性金融支农责任，促进新型农村合作金融、农业保险健康发展。加快扶贫开发立法。

4. 依法保障农村改革发展。加强农村改革决策与立法的衔接。农村重大改革都要于法有据，立法要主动适应农村改革和发展需要。实践证明行之有效、立法条件成熟的，要及时上升为法律。对不适应改革要求的法律法规，要及时修改和废止。需要明确法律规定具体含义和适用法律依据的，要及时作出法律解释。实践条件还不成熟、需要先行先试的，要按照法定程序作出授权。继续推进农村改革试验区工作。深化行政执法体制改革，强化基层执法队伍，合理配置执法力量，积极探索农林水利等领域内的综合执法。健全涉农行政执法经费财政保障机制。统筹城乡法律服务资源，健全覆盖城乡居民的公共法律服务体系，加强对农民的法律援助和司法救助。

5. 提高农村基层法治水平。深入开展农村法治宣传教育，增强各级领导、涉农部门和农村基层干部法治观念，引导农民增强学法尊法守法用法意识。健全依法维权和化解纠纷机制，引导和支持农民群众通过合法途径维权，理性表达合理诉求。依法加强农民负担监督管理。依靠农民和基层的智慧，通过村民议事会、监事会等，引导发挥村民民主协商在乡村治理中的积极作用。

各级党委和政府要从全面建成小康社会、加快推进社会主义现代化的战略高度出发，进一步加强和改善对“三农”工作的领导，切实防止出现放松农业的倾向，勇于直面挑战，敢于攻坚克难，努力保持农业农村持续向好的局面。各地区各部门要深入研究农业农村发展的阶段性特征和面临的风险挑战，科学谋划、统筹设计“十三五”时期农村改革发展的重大项目、重大工程和重大政策。加强督促检查，确保各项“三农”政策不折不扣落实到位。巩固和拓展党的群众路线教育实践活动成果，坚持不懈改进工作作风，努力提高“三农”工作的能力和水平。

让我们紧密团结在以习近平同志为总书记的党中央周围，开拓创新，扎实工作，加快农村改革发展，为全面建成小康社会作出新的贡献！

国务院关于加快科技服务业发展的若干意见

国发〔2014〕49号

各省、自治区、直辖市人民政府，国务院各部委、各直属机构：

科技服务业是现代服务业的重要组成部分，具有人才智力密集、科技含量高、产业附加值大、辐射带动作用强等特点。近年来，我国科技服务业发展势头良好，服务内容不断丰富，服务模式不断创新，新型科技服务组织和服务业态不断涌现，服务质量和能力稳步提升。但总体上我国科技服务业仍处于发展初期，存在着市场主体发育不健全、服务机构专业化程度不高、高端服务业态较少、缺乏知名品牌、发展环境不完善、复合型人才缺乏等问题。加快科技服务业发展，是推动科技创新和科技成果转化、促进科技经济深度融合的客观要求，是调整优化产业结构、培育新经济增长点的重要举措，是实现科技创新引领产业升级、推动经济向中高端水平迈进的关键一环，对于深入实施创新驱动发展战略、推动经济提质增效升级具有重要意义。为加快推动科技服务业发展，现提出以下意见。

一、总体要求

（一）指导思想

以邓小平理论、“三个代表”重要思想、科学发展观为指导，深入贯彻落实党的十八大、十八届二中、三中全会精神和国务院决策部署，充分发挥市场在资源配置中的决定性作用，以支撑创新驱动发展战略实施为目标，以满足科技创新需求和提升产业创新能力为导向，深化科技体制改革，加快政府职能转变，完善政策环境，培育和壮大科技服务市场主体，创新科技服务模式，延展科技创新服务链，促进科技服务业专业化、网络化、规模化、国际化发展，为建设创新型国家、打造中国经济升级版提供重要保障。

（二）基本原则

坚持深化改革。推进科技体制改革，加快政府职能转变和简政放权，有序放开科技服务市场准入，建立符合国情、持续发展的体制机制，营造平等参与、公平竞争的发展环境，激发各类科技服务主体活力。

坚持创新驱动。充分应用现代信息和网络技术，依托各类科技创新载体，整合开放公共科技服务资源，推动技术集成创新和商业模式创新，积极发展新型科技服务业态。

坚持市场导向。充分发挥市场在资源配置中的决定性作用，区分公共服务和市场化服务，综合运用财税、金融、产业等政策支持科技服务机构市场化发展，加强专业化分工，拓展市场空间，实现科技服务业集聚发展。

坚持开放合作。鼓励科技服务机构加强区域协作，推动科技服务业协同发展，加强国际交流与合作，培育具有全球影响力的服务品牌。

（三）发展目标

到2020年，基本形成覆盖科技创新全链条的科技服务体系，服务科技创新能力大幅增强，科技服务市场化水平和国际竞争力明显提升，培育一批拥有知名品牌的科技服务机构和龙头企业，涌现一批新型科技服务业态，形成一批科技服务产业集群，科技服务业产业规模达到8万亿元，成为促进科技经济结合的关键环节和经济提质增效升级的重要引擎。

二、重点任务

重点发展研究开发、技术转移、检验检测认证、创业孵化、知识产权、科技咨询、科技金融、科学技术普及等专业科技服务和综合科技服务，提升科技服务业对科技创新和产业发展的支撑能力。

（一）研究开发及其服务

加大对基础研究的投入力度，支持开展多种形式的应用研究和试验发展活动。支持高校、科研院所整合科研资源，面向市场提供专业化的研发服务。鼓励研发类企业专业化发展，积极培育市场化新型研发组织、研发中介和研发服务外包新业态。支持产业联盟开展协同创新，推动产业技术研发机构面向产业集群开展共性技术研发。支持发展产品研发设计服务，促进研发设计服务企业积极应用新技术提高设计服务能力。加强科技资源开放服务，建立健全高校、科研院所的科研设施和仪器设备开放运行机制，引导国家重点实验室、国家工程实验室、国家工程（技术）研究中心、大型科学仪器中心、分析测试中心等向社会开放服务。

（二）技术转移服务

发展多层次的技术（产权）交易市场体系，支持技术交易机构探索基于互联网的在线技术交易模式，推动技术交易市场做大做强。鼓励技术转移机构创新服务模式，为企业提供跨领域、跨区域、全过程的技术转移集成服务，促进科技成果加速转移转化。依法保障为科技成果转移转化作出重要贡献的人员、技术转移机构等相关方的收入或股权比例。充分发挥技术进出口交易会、高新技术成果交易会等展会在推动技术转移中的作用。推动高校、科研院所、产业联盟、工程中心等面向市场开展中试和技术熟化等集成服务。建立企业、科研院所、高校良性互动机制，促进技术转移转化。

（三）检验检测认证服务

加快发展第三方检验检测认证服务，鼓励不同所有制检验检测认证机构平等参与市场竞争。加强计量、检测技术、检测装备研发等基础能力建设，发展面向设计开发、生产制造、售后服务全过程的观测、分析、测试、检验、标准、认证等服务。支持具备条件的检验检测认证机构与行政部门脱钩、转企改制，加快推进跨部门、跨行业、跨层级整合与并购重组，培育一批技术能力强、服务水平高、规模效益好的检验检测认证集团。完善检验检测认证机构规划布局，加强国家质检中心和检测实验室建设。构建产业计量测试服务体系，加强国家产业计量测试中心建设，建立计量科技创新联盟。构建统一的检验检测认证监管制度，完善检验检测认证机构资质认定办法，开展检验检测认证结果和技术能力国际互认。加强技术标准研制与应用，支持标准研发、信息咨询等服务发展，构建技术标准全程服务体系。

（四）创业孵化服务

构建以专业孵化器和创新型孵化器为重点、综合孵化器为支撑的创业孵化生态体系。加强创业教育，营造创业文化，办好创新创业大赛，充分发挥大学科技园在大学生创业就业和高校科技成果转化中的载体作用。引导企业、社会资本参与投资建设孵化器，促进天使投资与创业孵化紧密结合，推广“孵化+创投”等孵化模式，积极探索基于互联网的新型孵化方式，提升孵化器专业服务能力。整合创新创业服务资源，支持建设“创业苗圃+孵化器+加速器”的创业孵化服务链条，为培育新兴产业提供源头支撑。

（五）知识产权服务

以科技创新需求为导向，大力发展知识产权代理、法律、信息、咨询、培训等服务，提升知识产权分析评议、运营实施、评估交易、保护维权、投融资等服务水平，构建全链条的知识产权服务体系。支持成立知识产权服务联盟，开发高端检索分析工具。推动知识产权基础信息资源免费或低成本向社会开放，基本检索工具免费供社会公众使用。支持相关科技服务机构面向重点产业领域，建立知识产权信息服务平台，提升产业创新服务能力。

（六）科技咨询服务

鼓励发展科技战略研究、科技评估、科技招投标、管理咨询等科技咨询服务业，积极培育管理服务外包、项目管理外包等新业态。支持科技咨询机构、知识服务机构、生产力促进中心等积极应用大数据、云计算、移动互联网等现代信息技术，创新服务模式，开展网络化、集成化的科技咨询和知识服务。加强科技信息资源的市场化开发利用，支持发展竞争情报分析、科技查新和文献检索等科技信息服务。发展工程技术咨询服务，为企业提供集成化的工程技术解决方案。

（七）科技金融服务

深化促进科技和金融结合试点，探索发展新型科技金融服务组织和服务模式，建立适应创新链需求的科技金融服务体系。鼓励金融机构在科技金融服务的组织体系、金融产品和服务机制方面进行创新，建立融资风险与收益相匹配的激励机制，开展科技保险、科技担保、知识产权质押等科技金融服务。支持天使投资、创业投资等股权投资对科技企业进行投资和增值服务，探索投贷结合的融资模式。利用互联网金融平台服务科技创新，完善投融资担保机制，破解科技型中小微企业融资难问题。

（八）科学技术普及服务

加强科普能力建设，支持有条件的科技馆、博物馆、图书馆等公共场所免费开放，开展公益性科普服务。引导科普服务机构采取市场运作方式，加强产品研发，拓展传播渠道，开展增值服务，带动模型、教具、展品等相关衍生产业发展。推动科研机构、高校向社会开放科研设施，鼓励企业、社会组织和个人捐助或投资建设科普设施。整合科普资源，建立区域合作机制，逐步形成全国范围内科普资源互通共享的格局。支持各类出版机构、新闻媒体开展科普服务，积极开展青少年科普阅读活动，加大科技传播力度，提供科普服务新平台。

（九）综合科技服务

鼓励科技服务机构的跨领域融合、跨区域合作，以市场化方式整合现有科技服务资源，创新服务模式和商业模式，发展全链条的科技服务，形成集成化总包、专业化分包的综合科技服务模式。鼓励科技服务机构面向产业集群和区域发展需求，开展专业化的综合科技服务，培育发展壮大若干科技集成服务商。支持科技服务机构面向军民科技融合开展综合服务，推进军民融合深度发展。

三、政策措施

（一）健全市场机制

进一步完善科技服务业市场法规和监管体制，有序放开科技服务市场准入，规范市场秩序，加强科技服务企业信用体系建设，构建统一开放、竞争有序的市场体系，为各类科技服务主体营造公平竞争的环境。推动国有科技服务企业建立现代企业制度，引导社会资本参与国有科技服务企业改制，促进股权多元化改造。鼓励科技人员创办科技服务企业，积极支持合伙制科技服务企业发展。加快推进具备条件的科技服务事业单位转制，开展市场化经营。加快转变政府职能，充分发挥产业技术联盟、行业协会等社会组织在推动科技服务业发展中的作用。

（二）强化基础支撑

加快建立国家科技报告制度，建设统一的国家科技管理信息系统，逐步加大信息开放和共享力度。积极推进科技服务公共技术平台建设，提升科技服务技术支撑能力。建立健全科技服务的标准体系，加强分类指导，促进科技服务业规范化发展。完善科技服务业统计调查制度，充分利用并整合各有关部门科技服务业统计数据，定期发布科技服务业发展情况。研究实行有利于科技服务业发展的土地政策，完善价格政策，逐步实现科技服务企业用水、用电、用气与工业企业同价。

（三）加大财税支持

建立健全事业单位大型科研仪器设备对外开放共享机制，加强对国家超级计算中心等公共科研基础设施的支持。完善高新技术企业认定管理办法，充分考虑科技服务业特点，将科技服务内容及其支撑技术纳入国家重点支持的高新技术领域，对认定为高新技术企业的科技服务企业，减按15%的税率征收企业所得税。符合条件的科技服务企业发生的职工教育经费支出，不超过工资薪金总额8%的部分，准予在计算应纳税所得额时据实扣除。结合完善企业研发费用计核方法，统筹研究科技服务费用税前加计扣除范围。加快推进营业税改征增值税试点，扩大科技服务企业增值税进项税额抵扣范围，消除重复征税。落实国家大学科技园、科技企业孵化器相关税收优惠政策，对其自用以及提供给孵化企业使用的房产、土地，免征房产税和城镇土地使用税；对其向孵化企业出租场地、房屋以及提供孵化服务的收入，免征营业税。

（四）拓宽资金渠道

建立多元化的资金投入体系，拓展科技服务企业融资渠道，引导银行信贷、创业投资、资本市场等加大对科技服务企业的支持，支持科技服务企业上市融资和再融资以及到全国中小企业股份转让系统挂牌，鼓励外资投入科技服务业。积极发挥财政资金的杠杆作用，利用中小企业发展专项资金、国家科技成果转化引导基金等渠道加大对科技服务企业的支持力度；鼓励地方通过科技服务业发展专项资金等方式，支持科技服务机构提升专业服务能力、搭建公共服务平台、创新服务模式等。创新财政支持方式，积极探索以政府购买服务、“后补助”等方式支持公共科技服务发展。

（五）加强人才培养

面向科技服务业发展需求，完善学历教育和职业培训体系，支持高校调整相关专业设置，加强对科技服务业从业人员的培养培训。积极利用各类人才计划，引进和培养一批懂技术、懂市场、懂管理的复合型科技服务高端人才。依托科协组织、行业协会，开展科技服务人才专业技术培训，提高从业人员的专业素质和能力水平。完善科技服务业人才评价体系，健全职业资格制度，调动高校、科研院所、企业等各类人才在科技服务领域创业创新的积极性。

（六）深化开放合作

支持科技服务企业“走出去”，通过海外并购、联合经营、设立分支机构等方式开拓国际市场，扶持科技服务企业到境外上市。推动科技服务企业牵头组建以技术、专利、标准为纽带的科技服务联盟，开展协同创新。支持科技服务机构开展技术、人才等方面的国际交流合作。鼓励国外知名科技服务机构在我国设立分支机构或开展科技服务合作。

（七）推动示范应用

开展科技服务业区域和行业试点示范，打造一批特色鲜明、功能完善、布局合理的科技服务业集聚区，形成一批具有国际竞争力的科技服务业集群。深入推动重点行业的科技服务应用，围绕战略性新兴产业和现代制造业的创新需求，建设公共科技服务平台。鼓励开展面向农业技术推广、农业产业化、人口健康、生态环境、社会治理、公共安全、防灾减灾等惠民科技服务。

各地区、各部门要充分认识加快科技服务业发展的重大意义，加强组织领导，健全工作机制，强化部门协同和上下联动，协调推动科技服务业改革发展。各地区要根据本意见，结合地方实际研究制定具体实施方案，细化政策措施，确保各项任务落到实处。各有关部门要抓紧研究制定配套政策和落实分工任务的具体措施，为科技服务业发展营造良好环境。科技部要会同相关部门对本意见的落实情况进行跟踪分析和督促指导，重大事项及时向国务院报告。

国务院 2014 年 10 月 9 日

主要参考文献

[1] 刘会武，张莹．国家高新区：科技服务业发展的主阵地［J］．中国高新区，2014（9）：30－33.

[2] 李浩，徐欣，邵笑冰，等．科技服务业中的群众路线问题及简析[J]．中小企业管理与科技，2013（9）：145－146.

[3] 新中国成立以来我国已培育农作物新品种5000多个［J］．农业科技通讯，2006（12）：58－59.

[4] 周汝尧．中国植物多样性探访万里行南繁中国的种业硅谷［J］．生命世界，2011（5）：38－41.

[5] 梅眉，陆璐．DNA分子标记技术在农作物种子质量检验中的应用［J］．分子植物育种，2005（3）：129－134.

[6] 王凯．加强南繁基地保护建设管理促进现代种业更好更快发展［N］．海南日报，2014－11－4（001）．

[7] 王文烂．推进现代农业发展顶层设计的实施［N］．福建日报，2013－2－26（13）．

[8] 陈其林，韩晓婷．准公共产品的性质定义分类依据及其类别［J］．经济学家，2010（7）：13－21.

[9] 许朗，张英，徐国新．走产学研有机结合之路加快农业高新技术产业化进程．高等农业教育，2004（5）：87－90.

[10] 周雪松，刘荣志，陈冠铭，等．南繁：现状与问题南繁单位需求调查报告．中国农学通报，2012，28（24）：161－165.

[11] 康大臣．破解科技服务业发展的四大瓶颈问题［N］．学习时报，2015－1－19（A7）．

[12] 刘荣志，姜岩，窦艳芬．对构建京津冀绿色食品产业协同创新共同体的思考［J］．农村工作通讯，2015（19）：44－47.

[13] 何红媛，何涛．政产学研协同创新体系的内涵及其构建［J］．人民论坛，2014（02）：49－51.